翻倍效率工作術

不會就太可惜的

大數據

Power BI

視覺圖表設計
與分析 第三版

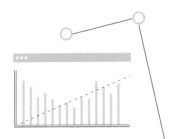

關於文淵閣工作室

常常聽到很多讀者跟我們說：我就是看你們的書學會用電腦的。

是的！這就是寫書的出發點和原動力，想讓每個讀者都能看我們的書跟上軟體的腳步，讓軟體不只是軟體，而是提昇個人效率的工具。

文淵閣工作室創立於 1987 年，創會成員鄧文淵、李淑玲在學習電腦的過程中，就像每個剛開始接觸電腦的你一樣碰到了很多問題，因此決定整合自身的編輯、教學經驗及新生代的高手群，陸續推出 「快快樂樂全系列」 電腦叢書，冀望以輕鬆、深入淺出的筆觸、詳細的圖說，解決電腦學習者的徬徨無助，並搭配相關網站服務讀者。

隨著時代的進步與讀者的需求，文淵閣工作室除了原有的 Office、多媒體網頁設計系列，更將著作範圍延伸至各類程式設計、影像編修與生活創意書籍。如果在閱讀本書時有任何問題，歡迎至文淵閣工作室網站或使用電子郵件與我們聯絡。

- ■ 文淵閣工作室網站　　http://www.e-happy.com.tw
- ■ 服務電子信箱　　e-happy@e-happy.com.tw
- ■ 文淵閣工作室　粉絲團　　http://www.facebook.com/ehappytw
- ■ 中老年人快樂學　粉絲團　　https://www.facebook.com/forever.learn

總 監 製 ： 鄧文淵　　　　　企劃編輯 ： 鄧君如

監 　 督 ： 李淑玲　　　　　責任編輯 ： 鄧君如

行銷企劃 ： Cynthia · David

本書特色

主題式跨資料表分析，輕鬆解讀數據了解趨勢並獲得見解！

本書以 Power BI 理論與設計應用踏出第一步，並結合 "顧客消費統計分析" 與 "零售業銷售與業績統計分析" 二大實務主題，透過行為模式思考與視覺化圖像，輕鬆分析大數據。多元化的示範，以 Power Query 編輯器快速整理並剔除錯誤資料、結合 Google 表單即時數據視覺分析、更別忘了最熟悉的 Excel 工具，掌握訣竅，洞察資料數據關鍵價值。

本書原名為《翻倍效率工作術 - 不會就太可惜的 Excel+Power BI 大數據視覺圖表設計與分析》，前兩版均獲得眾多讀者與教師的支持與肯定，特此致謝。現在版本已來到第三版，因應 Power BI 愈來愈普及的情況與市場提供的寶貴建議，新版除了更新介面，加入關鍵功能，並以專章說明 Power Query 編輯器，將原 Excel 相關內容獨立出來統一放在附錄，以 Power BI 為主的規劃，書名也正式調整為《翻倍效率工作術 - 不會就太可惜的 Power BI 大數據視覺圖表設計與分析》。

本書範例

提供完整的範例練習檔案，讓你能在最短時間內掌握學習重點。開始使用本書範例檔案練習前，請先下載範例檔並解壓縮，將 **<ACI036700附書範例>** 資料夾存放於電腦本機 C 槽根目錄，這樣後續操作書中範例內容才能正確連結並開啟。

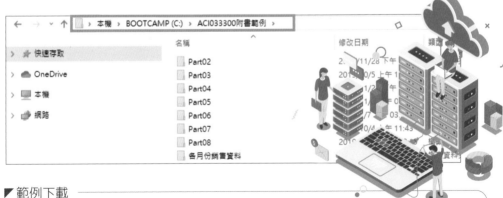

▼ 範例下載

本書範例檔請至碁峰網站 **http://books.gotop.com.tw/DOWNLOAD/ACI036700** 下載，檔案為 ZIP 格式，讀者自行解壓縮即可運用。

推薦序

數據洪流是企業運行不可忽視的重要環節，"數據分析力" 決定職場競爭力！企業試圖從數據中挖掘市場關鍵訊息，藉此找到新的商機。因此學習分析數據能力逐漸成為必備技能，非本科專業人士則必須使用更簡單易懂的程式功能，達到事半功倍的效果。

Power BI 可輕鬆匯入不同來源巨量數據資料，是目前市場上既強大又容易上手的商業分析工具，善用大數據資料呈現美觀又視覺化的報表，迅速作出決斷。本書完美結合 Power BI 的理論與設計應用，並結合最實用的主題範例，從資料整理技巧到大數據資料視覺化，利用更多元素豐富視覺化圖表、DAX 應用甚至到雲端與行動裝置的分享。

"圖像式報表分析" 是職場必備的核心能力！書中撰寫風格圖文並茂，大量使用圖片與圖表，循序漸進的步驟與詳盡的說明引領全民大數據，迅速掌握 Power BI 大數據分析工具，提升個人職能並助企業挖掘數據的商業價值，透過 Power BI 呈現大數據之美，數大便是美。

謝邦昌

天主教輔仁大學　副校長
輔大AI人工智慧發展中心主任
台灣人工智慧發展學會(TIAI) 理事長
中華市場研究協會(CMRS) 榮譽理事長
中華資料採礦協會(CDMS) 榮譽理事長

推薦序

市場有越來越多簡易的視覺化報表軟體出現，台灣也有越來越多的企業開始招募數據分析人才，而 Power BI 更是我認為最適合一般上班族或學生使用的工具。

本書 「不會就太可惜的 Power BI 大數據視覺圖表設計與分析」結合生活與工作的常用場景，利用書中的範本或者是最容易取得的 Google 與開放資料、用最簡單有效的方式學習大數據視覺圖表設計與分析，升級你的職場競爭力。Power BI 提供更多功能的統計功能和計算，還能整合電腦、手機平板、APP 和網頁，讓你可以隨時存取數據資料，還能結合人工智慧做預測功能。很明顯的，Power BI 提供數據分析能力遠遠超過 Excel。如果你也想學習 Power BI，非常推薦你這本鄧君如老師的「不會就太可惜的 Power BI 大數據視覺圖表設計與分析」。

蘇書平 Steve Sue

先行智庫執行長

推薦序

記得第二版推薦序的結尾提到，Power BI 在 2020 將進入遍地開花期，回想這二年 Power BI 的需求，並沒有因疫情影響而遞減，反成為 Excel 之外，企業資料視覺化與分析的重要工具，特別是業務、行銷、財務等...過去對 Excel 非常倚賴的單位，甚至人力資源單位也成為 Power BI 的重度需求單位；若從敝公司台灣碩軟所輔導與協助的企業來看，這些企業橫跨各種產業，貿易業、醫藥零售業、製藥業、速食業、消費性商品、食品製造業、早餐店的餐館業、高科技製造業，對 Power BI 在 2022 下半年有著爆炸性的需求與成長。

這些企業面臨甚麼樣的問題而需要 Power BI？從我們的觀點與客戶實際執行的規劃來看，Power BI 是數據轉型或數位轉型的引子；Excel 陪伴企業二十、三十年的歷史裡，企業與 Excel 報表的製作者，逐漸意識到 Excel 無法滿足即時性、行動化與企業 360 度的商業視角，進而尋找能解決 Excel 痛點的方案。轉變方案是一場耐力與毅力的競賽，企業需投資成本在軟體與人員培訓上，但回想二十、三十年前的 Excel 也是經過這麼一遭，企業與製表者從 Excel 生手，進而運用 Excel 成為企業賴以維生的分析命脈，Power BI 僅只五年的歲數，企業與 Power BI 間還有一段時間的相識與磨合期。

要接受新的視覺分析工具 Power BI，企業就需要有先行者，在與客戶談及 Power BI 專案的過程中，有超過半數的企業與 IT 認同，Power BI 將是下一代使用者自助分析的工具；因此，若您剛好踏在企業資料視覺化轉換的浪尖上，現在正是入門 Power BI 的最佳時機，而本書則是最佳工具書，結合鄧君如執行長在各大企業、學校、教育單位與公部門的實際教學經驗，以及文淵閣工作室長期耕耘 Excel 與 Power BI 的出版，能讓您在使用 Power BI 的當下事半功倍。

感謝鄧君如執行長再次邀約，藉此分享這二年企業對 Power BI 採用與導入的實情，欲建構新一代的 Power BI 戰情中心，仍舊需要數據工程 (Data Reengineering) 與企業數據文化的孕育，從小處著手，進而實現數據轉型。

王恩琦 Angi Wang

台灣碩軟總經理

目錄

Part 1 掌握訣竅 洞察資料數據關鍵價值

Part 2 轉換資料為視覺資訊圖表

Part **3**

更豐富的視覺化設計元素

Part
④

資料整理與清理術
Power Query

Part **5** 主題式視覺化報表與儀表板

Part 6 資料探索與 Dax 應用

附錄

本書另整理六大實用主題於附錄，包含雲端共用、行動裝置應用與版面設計，以及 Excel 資料清理提升正確性、嵌入 Power Point 簡報...等更多應用。附錄採 PDF 電子檔方式提供，請讀者至碁峰網站 **http://books.gotop.com.tw/DOWNLOAD/ACI036700** 下載。

Appendix A 將即時 Power BI 報表嵌入 PowerPoint

Appendix B 雲端共用與協作工作區

Appendix C 行動裝置應用

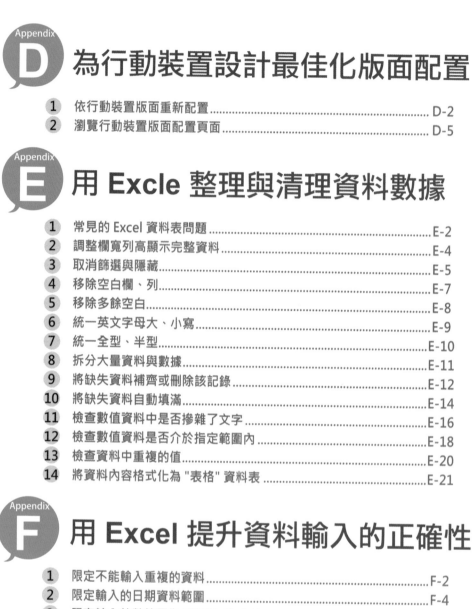

Part
1

掌握訣竅
洞察資料數據關鍵價值

海量數據可以掌握各行各業在財務、行銷、人力資源、銷售、生產...等環節所需要的解析資訊，應用 Power BI 讓資料視覺化不只是建置圖表，而是能偵測資料中重要訊息並提升分析成果。

30%

DATA 01   DATA 04

DATA 02

1 藉由數據了解趨勢並獲得見解

數據對科技業、金融、醫療照護、銷售服務、教育、政府單位...等,都有很大的幫助。面對海量數據更需要正確解讀其意義,將資訊數據視覺化找出隱藏訊息,轉化為有效率的決策,同時創造實用的商業價值。

正確決策才能開闢新商機

數據不只是對大企業很重要,也能幫助一般店家適時調整營運策略!

數位行銷發展至今,大家都知道要從數據中挖掘消費者行為模式與市場訊息,客群為何對新的商品不買單?活動是否能帶動商品?除了要鞏固既有的市場與客群,還要想辦法持續成長、開拓新商機。然而到底該往什麼方向著手又該如何取捨?這時你應該蒐集數據,藉由解讀數據資料,進行分析與決策。

聚焦統計數據

數據可分析過去發生什麼事,以及為什麼會發生這件事,例如:由產品過去幾年的銷量相關資料數據,找出銷售下滑的原因以及預測顧客回購週期。

面對龐大的數據資料該如何篩選出有用的資訊?資料視覺化 (Data visualization) 可以說是最佳解決方式,也常稱為數據視覺化、資料可視化...等,將數據資料轉換為容易解讀的圖表報表或地圖,協助你快速洞悉問題以及解讀趨勢與現況。

2 | 有效利用資料視覺化優勢

人與人的交流 93% 是以視覺為主，習慣先看圖再看文字，以視覺方式呈現資料以及分析複雜的統計數據會比用口頭或冗長的文字報告更有效率、更快理解。

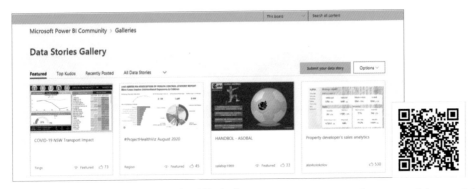

▲ Power BI 官方資源 / 資料故事庫：https://community.powerbi.com/t5/Data-Stories-Gallery/bd-p/DataStoriesGallery

一定要知道的資料視覺化四大優勢：

1. 圖像化更容易理解與分析

大量繁複的資料，除了無法在短時間內吸收，所要表達的訊息也難以在瀏覽過程中直接分析。將資料以圖表呈現，冗長數據與文字，化繁為簡，直覺轉化為易於理解、視覺美觀且實用的資訊。

2. 突顯資料重點、預測未來

視覺效果數據分析可將大量數據資料，確實突顯想要傳達給瀏覽者的重要資訊，並解析過去及現今趨勢或異常值，協助企業評估預期與決策。

3. 優化溝通呈現更多細節

圖表、圖形和地圖...等視覺元素會比原始資料更容易了解，不但可立即吸引瀏覽者目光，更可以搭配交叉比對與條件篩選，全方位分析資料可能性。

4. 關聯式挖掘數據有價值信息

不要只看表面上的數字，資料視覺化關聯整合大環境資訊 (例如：人口、交通、天氣...等)，想要挖掘數據中有價值信息，可以善用外部資料來源探勘目標對像的行為模式及需求。

3 實現資料視覺化四大階段

將資料數據轉換為視覺效果其實不難，除了要先將資料整理好並選擇合適的視覺效果類型套用，一開始先確認目標主題與對象，才能有效分析數據資訊。

資料數據視覺效果化的四個階段以及各階段所需要進行的內容：

確認目標
- 思考主題
- 要給誰看

取得資料
- 蒐集資料
- 資料整理與修正

視覺化呈現
- 套用圖表樣式
- 搭配資料維度

資料儀表板
- 整合圖表
- 建置篩選器
- 解讀與分析

1. 確認目標

視覺效果要有吸引力，需先找到資料數據的獨特性與關鍵性重點，在確認主題與分享對象後即可以其為開端來發想、建立。

2. 取得資料

數據分析首先要有數據，先盤點手邊已建置的、再思考是否需要從外部來源取得或蒐集，資料數據在視覺化前要先檢查其完整性與正確性，可能會存在缺失、誤差...等問題，若資料過於雜亂會影響視覺化呈現效果。

3. 視覺化呈現

整理好資料，就可以進入視覺化處理階段。依主題及對象選擇最適合的資料維度與視覺效果類型，再藉由色彩、字型、相片、結構...等視覺效果元素，凸顯隱藏在數據中的訊息。

4. 資料儀表板

資料視覺化除了將資料數據圖像化，更重要的是依一開始制定的目標與對象整合所需要的圖表與篩選器，及增添圖像（例如：LOGO 圖）提升吸睛度。最後藉由主講者引導式分析與預測，洞悉問題，解讀趨勢與整體現況，提出有效對策也能完整傳達數據資訊。

4 結合產業數據，提升職場分析力

從數據裡找出重要的資訊，理解數據背後的價值，不一定要專業的分析師才能辦到，Power BI 即可讓你快速體驗資料視覺化分析與應用。

每次在報告手邊的數據內容時，老闆想聽的應該不只是大數據中的值，如果可以將數據快速的轉換為視覺圖表，並以互動式智慧儀表板呈現重要資訊、洞悉問題與趨勢，不僅提升了該場報告的精彩度，也能精進個人專業職場能力。

"互動式智慧儀表板" 聽起來像是需要花許多時間等待資訊人員撰寫程式和跑報表，才能完成的分析資料！其實不然，透過 Power BI 只需要將來源資料匯入並拖曳需要的欄位項目，即可產生視覺圖表與互動式智慧儀表板，再結合資料探索、關聯、量值計算與 DAX 函數，就能輕鬆解讀趨勢即時回應市場需求。

資料數據視覺化過程中很重要的一環是來源資料，當取得一堆數據報表時，需要思考該如何有效率的檢查與整理資料，提升內容的正確性，有了正確的資料才能依循設計出來的視覺圖表進行決策分析。

Power BI 是軟體服務、應用程式和連接器的集合,可將資料轉換成豐富的視覺效果,讓你透過手邊的大數據隨時掌握市場與解讀趨勢,除了是個人的專屬分析師,也有助於推動工作團隊專案或整個公司的分析和決策。

◀ Power BI | 互動式資料視覺效果 https://powerbi.microsoft.com/zh-tw/what-is-power-bi/

簡單迅速利用合適的視覺報表,呈現你最關切的情報:

1. 整合資訊

Power BI 可以將內部、外部及雲端收集而來的大小資訊整合在一起,隨時隨地都可以存取並視覺效果化。

2. 建立令人驚豔的互動式報表

Power BI 具有多種不同的視覺與互動式效果,使用簡單的拖曳即可輕鬆與資料互動。

3. 解讀資訊應用到決策上

Power BI 視覺效果化讓洞悉問題、解讀趨勢與現況不再是難事,簡單建立出色的報表,有效率地傳達數據中的資訊。

4. 在網站或行動裝置共享資訊

Power BI 雲端平台與行動裝置上的 Power BI 應用程式,能與工作團隊共用報表,隨時掌握最新資訊。

6 無處不在的 Power BI 商業數據平台

Power BI 三大平台

Power BI 會將資料轉換成方便你分析和解讀的豐富視覺效果,目前常用的
Power BI 平台分別為:

- · Power BI Pro (雲端平台)
- · Power BI Desktop (桌面應用程式)
- · Power BI 行動版 (iOS、Android 系統的手機、平板)

Power BI 三大平台使用時機

Power BI Desktop 可以安裝在本機電腦,讓使用者更方更整合資料、數據視覺
化後再上傳雲端,這三個 Power BI 平台的建議使用流程如下:

- · 將來源資料匯入 Power BI Desktop 並建立視覺效果圖表與報表。
- · 發行至 Power BI Pro 雲端平台,可在此建置儀表板或與其他人共用 (共
  用相關應用有試用天數限制;依官網說明為主)。
- · 於行動裝置上透過 Power BI 應用程式檢視儀表板、報表與註記。

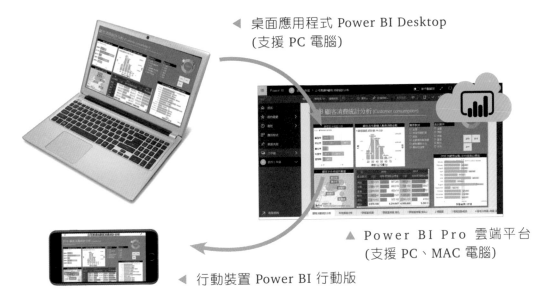

◀ 桌面應用程式 Power BI Desktop
(支援 PC 電腦)

▲ Power BI Pro 雲端平台
(支援 PC、MAC 電腦)

◀ 行動裝置 Power BI 行動版

選擇合乎需求的

建立與設計：使用 Power BI Desktop 工具，於 Power BI 官方網頁免費下載安裝後，即可於本機電腦設計視覺化動態圖表。(請參考 Part 2 示範說明)

發行與分享：使用 Power BI 雲端平台共用儀表板、發行報表、授權與同事共同作業...等工具，於 Power BI 官方網頁註冊、登入後即可使用 (部份功能有試用天數的限制，請參考 Part 8 的示範說明)

第一步該選擇哪個方式？

Power BI 雲端平台是 "雲端" 商業分析工具，而 Power BI Desktop 則是安裝在 "本機電腦" 的商業分析工具，既然這二個工具都是免費的，且各屬於不同的平台，你可以試著於這二個平台都體驗看看。

需要特別注意的是，Power BI 雲端平台必須先於官網上註冊、登入後才能使用，且需透過工作場所或學校的電子郵件地址才可註冊，目前不支援個人以及電信業者所提供的電子郵件，其中包括 outlook.com、hotmail.com、gmail.com ...等。

因為 Power BI 雲端平台不是每個使用者都有可註冊的電子郵件，為了讓大家均能跟著書中步驟練習，接下來書中的範例會先使用 Power BI Desktop 進行資料視覺效果化的示範，然而Power BI 雲端平台與 Power BI Desktop 主要的報表編輯模式介面與操作方式大同小異，因此後續各章的操作說明在二個平台上是可以通用的。另外，Power BI Desktop 可以取得的資料來源更多元化，在資料取得後還可進行調整與編輯，可說是首次學習 Power BI 最合適的平台。

8 Power BI Pro 雲端平台與 Power BI Desktop 比較

Power BI Pro 是於 "雲端" 的商業分析工具,而 Power BI Desktop 則是安裝在 "本機電腦" 的商業分析工具。

這二個工具均可呈現豐富的視覺效果、即時掌握商機與趨勢,但可取得的資料來源不盡相同,且各有各的優勢。前面已說明過這二個工具的使用時機,在此將相關功能與使用上的差異整理於下表中方便大家一次了解:

	Power BI Pro	Power BI Desktop
免費使用	註冊後免費試用 60 天,60 天後部份收費功能無法使用。	√
需下載安裝至本機		√
需註冊才能使用	√	要將報表發行至雲端平台時,才需註冊。
取得 Excel、CSV 檔案資料	√	√
取得 Access、JSON、XML...等檔案資料		√
開啟 Power BI Desktop (.pbix) 檔案	√	√
取得資料後轉換為互動式視覺化圖表 & 篩選視覺化圖表內容	√	√
行動裝置版面配置設計	√	√
編輯與調整資料表內容		√
發行至 web 網頁分享	√	
匯出為 PDF、PowerPoint	√	僅能匯出 PDF
指定在網站或行動裝置共享資訊	√	
共用與共同作業	√	

註:詳細功能與支援,以官網最新異動公佈資訊為基準。

9 Power BI 線上學習資源

Power BI 線上學習資源十分豐富，官網上提供了 **依產業、適合分析師、適合 IT、適合開發人員**...等，實例展示，讓各行各業的使用者初次使用 Power BI 能更快上手，也是希望協助你迅速分析資料和深入探索解析。

Step 1 進入 "解決方案" 單元

開啟瀏覽器，輸入「https://powerbi.microsoft.com/zh-tw/」進入 Power BI 官網，選按 **解決方案**，即可開啟該單元的線上說明頁面，參考各行各業的分析實例，從數據中得到所需的答案。

Step 2 瀏覽各式展示與報表範例

將滑鼠指標移至 **解決方案** 選項上方，可於出現的選單選按實例分析：

Part

2

轉換資料為視覺資訊圖表

進入視覺化圖表的第一步,需先取得來源資料,在 Power
BI Desktop 可載入 Excel 檔、文字檔、資料庫或各式網
路上的 Open Data...等格式資料。

1 進入 Power BI Desktop

Part 1 單元說明了 Power BI 這套互動式視覺效果工具有三大平台：Power BI Pro、Power BI Desktop、Power BI 行動版，但只有 Power BI Desktop 不需先註冊即可使用。

Power BI Desktop 這套應用程式將原於 Excel 中的 Power Query、Power Pivot、Poiwer View 功能整合在同一介面上，只要透過官網免費下載，即可在單一介面中進行各式資料存取 > 資料整合與關聯化 > 視覺效果設計 > 最後發行到 Power BI 雲端平台分享與跨平台瀏覽、互動。

① 各式資料類型存取

② 資料應用與關聯

③ 視覺效果設計

④ 發行到雲端 Power BI Pro

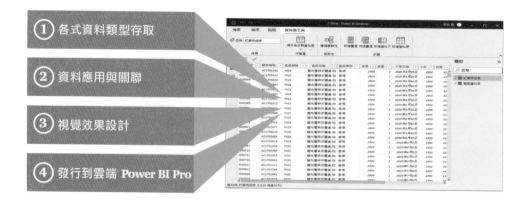

Power BI Desktop 這套工具讓資料數據視覺效果分析更加簡化，對過去 Power BI 使用者來說，仍舊延續之前學習的 Excel Power BI：Power Query、Power Pivot、Poiwer View 技術，只是換成了 Power BI Desktop 這個單一並整合的開發介面。因此後續單元會以 Power BI Desktop 進行說明，同時也為了讓可註冊與無法註冊的使用者均能學習 Power BI 操作。(Power BI Desktop 與 Power BI Pro 雲端平台的介面與操作方式大同小異，因此後續各單元操作說明在二個平台上部份操作可通用，但 Power BI Desktop 編輯相關功能較為完整。)

2 下載安裝 **Power BI Desktop**

安裝 Power BI Desktop 輕鬆分析資料以及數據視覺效果化。(目前僅支援安裝於 Windows 8 或更新的 Windows 版本;依 Power BI 官方安裝畫面說明為準。)

Step 1 進入 **Power BI 官網**

開啟瀏覽器,輸入「https://powerbi.microsoft.com/zh-tw/」進入 Power BI 官網,選按 **產品 \ Power BI Desktop**,再選按 **查看下載或語言選項**。

Step 2 下載 **Power BI Desktop** 應用程式

選擇語言後 (在此選取 Chinese Traditional) 整個頁面會變更為該語言,選按 **下載** 鈕,可下載的項目有支援 32 位元和 64 位元的 *.exe 檔案 (請依電腦系統位元數核選合適項目),最後選按畫面右下角 **NEXT** 鈕下載應用程式。

安裝 Power BI Desktop 應用程式

選按已下載完成的執行檔案 (安裝過程若出現系統安全警告訊息請按 **執行** 鈕)，安裝過程可參考如下步驟圖，依說明指示按 **下一步** 鈕或相關按鈕完成 Power BI Desktop 的安裝。

TIPS

關於 Power BI "提供資訊" 歡迎畫面

預設 Power BI Desktop 安裝完成後會自動開啟應用程式，初次使用若出現要求提供資訊的畫面，如果不想輸入資訊可選按右上角的 × 關閉相關畫面，正式進入 Power BI Desktop 應用程式歡迎主畫面。

Power BI Desktop 應用程式視窗中會有一個歡迎畫面，方便你快速開啟最近使用過的檔案，或選按 **新增功能**、**教學課程**...等，瀏覽說明文件熟悉這套應用程式；選按歡迎畫面右上角的 × 可關閉，進入 Power BI Desktop 主介面。

Power BI Desktop 主介面是由  **報告**、 **資料**、 **模型** 三個檢視模式搭配應用，將資料數據視覺效果化。(2022/11/29 版本調整以綠色為軟體代表色，介面與操作則與前版本相同)

歡迎畫面

功能區

報告、資料、模型 檢視模式切換鈕

輔助窗格

頁面標籤　　　工作區　　　縮放功能　符合一頁大小

檢視模式

取得資料建置後，可選按工作區左側 📊 **報告**、▦ **資料**、🔲 **模型** 三個切換鈕瀏覽各別檢視模式內容 (作用中檢視模式的圖示旁會有黃色 (綠色) 線段；2022/11/29 版本調整以綠色為軟體代表色，介面與操作則與前版本相同)：

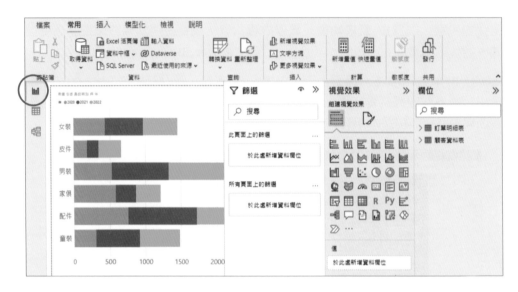

▲ 📊 **報告** 檢視模式：

可以在此利用取得的資料數據，建立多頁資料數據視覺效果，並依想要顯示的方式排列、篩選套用。

▲ ▦ **資料** 檢視模式：

可以在此檢視取得的資料數據，資料表重新命名、調整資料行屬性與格式、新增資料行與量值...等。

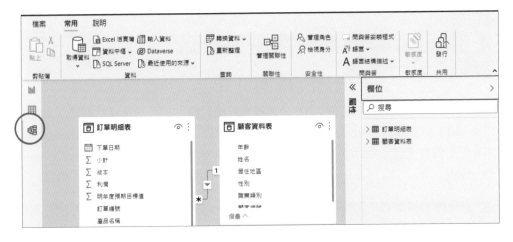

▲ 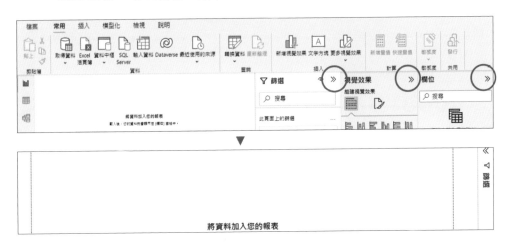 **模型** 檢視模式：

可以在此管理各資料表欄位資料的關聯性，並視需要調整。

窗格的摺疊 / 展開

Power BI Desktop 各檢視模式右側均有一至多個窗格，以 📊 **報告** 檢視模式為例：工作區右側的 **篩選**、**視覺效果** 和 **欄位** 窗格預設是展開的，如果需要摺疊起來讓工作區有更多的空間，可以選按窗格右上角的 ⟩ 箭號摺疊 ，再選按 ⟨ 箭號展開。

- **篩選** 窗格，可以篩選此頁面、所有頁面及指定視覺效果的內容。

- **視覺效果** 窗格，可以變更視覺效果、自訂色彩或屬性、配置欄位...等。

- **欄位** 窗格，可以檢視目前取得的資料表與其各欄位項目。

可取得的資料類型與來源

Power BI Desktop 可以跨多種資料來源型態取得資料，包括 Excel 活頁簿、文字/CSV、XML、JSON、Access 資料庫、線上服務...等，而且官方也會持續更新且支援更多資料來源，請留意是否有軟體更新的通知。(官方說明：https://learn.microsoft.com/zh-tw/power-bi/connect-data/desktop-data-sources)

資料來源類型	
檔案	Exel 、文字/CSV、XML、JSON、資料夾、PDF、Parquet、SharePoint 資料夾。
資料庫	SQL Server、Access、SQL Server Analysis Services、Oracle、MySQL...等資料庫。
Power Platform	Power BI 資料集、資料超市、Power BI dastaflows...等
Azure	Azure SQL 資料庫、Azure Analysis Services 資料庫...等。
線上服務	SharePoint Online 清單、Microsoft Exchange Online、Google Analytics、Marketo...等。
其他	Web、SharePoint 清單、OData 摘要、Hadoop 檔案...等。

TIPS

Power BI Pro 雲端平台可取得的資料來源

若是在 Power BI 雲端平台，目前可以連結或載入以下三種檔案類型：

· Microsoft Excel (.xlsx 或 .xlsm)

· Power BI Desktop (.pbix)

· 逗點分隔值 (.csv)

5 取得資料

資料來源與類型不同，取得的方式也略為不同，可以依需求提供路徑、檔案、網址...等，或提供登入帳號與密碼驗證。

取得 Excel 活頁簿檔案資料

開啟 Power BI Desktop，首先示範取得最常使用的 Excel 檔案資料。

Step 1 取得資料

1 選按 **常用 \ 取得資料**。

2 選按 **其他**。(**常用資料來源**若有 **Excel** 可直接選按)

3 選按 **檔案** 類別 \ **Excel**，再選按 **連接** 鈕。

4 選按要取得資料的 Excel 檔案。

5 選按 **開啟** 鈕。

TIPS

關於 Power BI Desktop 的 "取得資料"

於 Power BI Desktop 取得資料的動作，並非將資料倒入 Power BI 檔案中，而是以連線資料內容的方式呈現，若想修改原始資料需回到資料來源檔或藉由 Power Query 編輯器調整。

預覽資料表內容並指定載入

導覽器 畫面會出現該 Excel 檔案內偵側到的資料項目，常見的為 Excel 工作表與轉換為 **表格** 資料表的內容 (**表格** 資料表是透過 **轉換為表格** 功能產生，轉換方式可參考附錄 C 的說明)...等項目，核選一至多個項目指定載入。

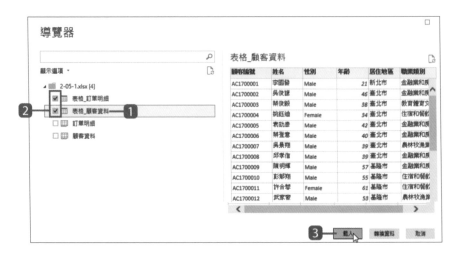

1️⃣ 選按任一資料表項目名稱可於右側預覽內容。

2️⃣ 核選資料項目左側的 □ 指定為要載入的資料表項目 (可核選多個)。

3️⃣ 選按 **載入** 鈕，將該資料內容載入 Power BI Desktop 進行視覺化設計。 (若選按 **轉換資料** 鈕則會進入 Power Query **編輯器**。)

4️⃣ 載入後會進入 Power BI Desktop 📊 **報告** 檢視模式，於右側的 **欄位** 窗格會看到剛剛指定載入的資料表項目。

取得 CSV 文字檔案資料

CSV 文字格式檔，預設以逗號字元 (,) 分隔欄位資料。

Step 1 取得資料

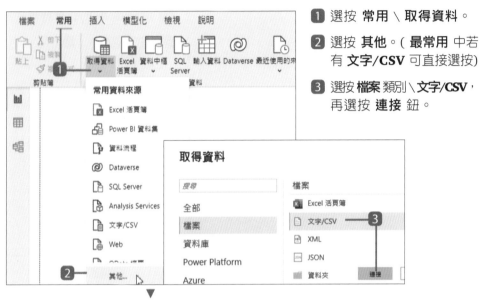

1. 選按 **常用** \ **取得資料**。

2. 選按 **其他**。(**最常用** 中若有 **文字/CSV** 可直接選按)

3. 選按 **檔案** 類別 \ **文字/CSV**，再選按 **連接** 鈕。

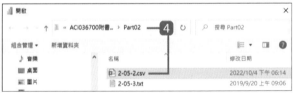

4. 選按要載入的 .csv 檔案，再選按 **開啟** 鈕。

Step 2 預覽內容並載入

會出現該檔案偵側到的內容，預設 **分隔符號** 為 **逗號** (可依檔案內容調整為其他符號)，選按 **載入** 鈕，將該資料內容載入 Power BI Desktop。

取得 txt 文字檔案資料

txt 文字格式檔，預設以 `Tab` 鍵分隔欄位資料。

Step 1 **取得資料**

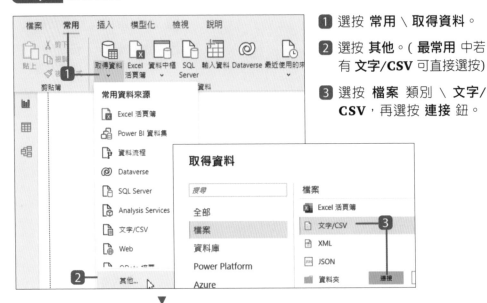

1. 選按 **常用** \ **取得資料**。

2. 選按 **其他**。(**最常用** 中若有 **文字/CSV** 可直接選按)

3. 選按 **檔案** 類別 \ **文字/CSV**，再選按 **連接** 鈕。

4. 選按要載入的 .txt 檔案，再選按 **開啟** 鈕。

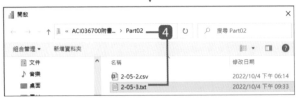

Step 2 **預覽內容並載入**

會出現該檔案偵側到的內容，預設 **分隔符號** 為 **Tab** 鍵 (可依檔案內容調整為其他符號)，選按 **載入** 鈕，將該資料內容載入 Power BI Desktop。

取得 Access 資料庫檔案資料

Power BI Desktop 可載入 SQL Server、Access、SQL Server Analysis Services、Oracle、MySQL...等資料庫，在此以 Access 資料庫檔為例：

Step 1 取得資料

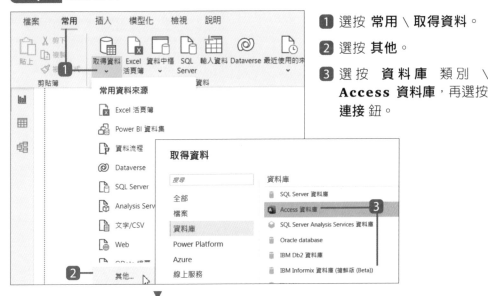

1 選按 **常用** \ **取得資料**。

2 選按 **其他**。

3 選按 **資料庫** 類別 \ **Access 資料庫**，再選按 **連接** 鈕。

4 選按要載入的資料庫檔案，再選按 **開啟** 鈕。

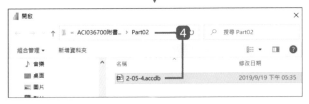

Step 2 預覽內容並載入

於 **導覽器** 畫面會出現該資料庫檔案內偵側到的資料表或查詢項目，核選項目左側的 □ 指定為要載入的項目 (可核選多個)，最後選按 **載入** 鈕，將該資料內容載入 Power BI Desktop。

TIPS

無法連接 Access 資料庫？

如果在 Power BI Desktop 載入 Access
資料庫資料時出現如右錯誤訊息，表示
缺少驅動程式而無法讀入。

> **無法連線**
>
> 嘗試連接時發生錯誤。
>
> 詳細資料: "Microsoft Access: 'Microsoft.ACE.OLEDB.12.0' 提供者並未
> 登錄於本機電腦上。 請取 '2-05-4.accdb' 需要 64 位元版本的 Access
> 資料庫引擎 2010 Access Database Engine OLEDB 提供者。若要下載
> 此用戶端軟體，請瀏覽以下網站: https://go.microsoft.com/fwlink/?
> LinkID=285987。"
>
> [重試] [編輯] [取消]

這時可於瀏覽器中進入「https://go.microsoft.com/fwlink/?linkid=285987」
頁面，並依如下操作下載、安裝 Microsoft Access Database Engine 2010 套
件，安裝完成後，再回到 Power BI Desktop 重新載入 Access 檔案。

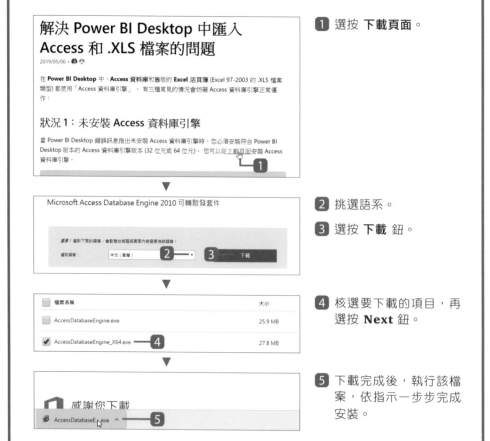

1 選按 **下載頁面**。

2 挑選語系。

3 選按 **下載** 鈕。

4 核選要下載的項目，再
選按 **Next** 鈕。

5 下載完成後，執行該檔
案，依指示一步步完成
安裝。

6 | 取得網路上的開放資料

資料分析需要大量資料為基礎，開放資料 (Open Data) 指的是可以被自由使用和散佈的資料 (但有些會要求使用者標示資料來源與所有人資訊)，以開放格式於網路公開，讓使用者在從事各項經濟活動、資料流通時可藉由這些資料數據更有效率的分析。

開發新產品、新主題、新店面，開放資料是非常好的資源，可從中獲得更多數據加值應用。

政府資料開放平台

政府資料開放平台內的資料主題十分廣泛，包含了：食、衣、住、行、育樂、醫療、就業、文化、天氣、經濟發展和生活品質...等，跨機關資料流通。

1. | 政府資料開放平臺

「http://data.gov.tw/」，包含了中央機關、地方政府、法人機構...等單位的開放資料，為各單位於職權範圍內取得資料整理而成，有文字、數據、圖片、影像、聲音...等，並依單位、地區、服務項目分類。

2. | **內政資料開放平臺**

「https://data.moi.gov.tw/MoiOD/Data/DataList.aspx」，包含了出入國及國境管制、兵役、社會參與、建物安全、土地管理...等主題開放資料。

3. | **行政院農業委員會資料開放平台**

「https://data.coa.gov.tw/open.aspx」，包含了安全飲食、農業旅遊、森林經營、漁業、畜牧、水土保持、農糧...等主題開放資料。

4. | **行政院環境保護署-環境資源資料開放平台**

「https://data.epa.gov.tw/dataset」，包含了生活環境與其他、大氣、水、污染防治、地、林、生態...等主題開放資料。

5. | **交通部中央氣象局-資料開放平臺**

「http://opendata.cwb.gov.tw」，包含了預報、觀測、地震海嘯...等主題的開放資料，但此平台需先註冊登入，再參考 "常見問答" 單元操作。

6. | **衛生福利部疾病管制署 - 疾病管制署資料開放平台**

「https://data.cdc.gov.tw/dataset/」，包含了重點防疫資訊、疫情統計資料、常規資訊，共開放二百餘項資料集供各界查詢利用。

7. | **衛生福利部疾病管制署 - 傳染病統計資料查詢系統**

「https://nidss.cdc.gov.tw/」，包含了急診傳染病監測統計、次級健保資料、實驗室自動通報系統、其他衛生統計查詢...等單元，除了可參考已建置的趨勢圖表，也可下載相關 CSV、XLS 檔。

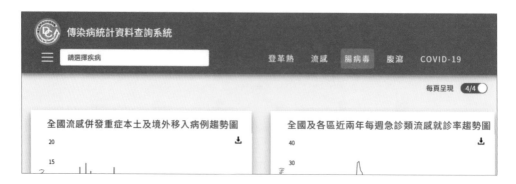

除了以上列出的幾個政府資料開放平台，文化部、經濟部商業司、經濟部水利署、交通部觀光局、台北市、新北市、台中市、台南市、高雄市、宜蘭縣...等各個單位，也都有相關的資料開放平台。

更多資料分析數據庫

1. | **Google 數據集（Dataset）搜尋引擎**

「https://toolbox.google.com/datasetsearch」，目前 Dataset Search 已索引了全球網路上近 2,500 萬個資料集，內容最多的類別為地球科學、生物學及農業；最受使用者歡迎的主題，包括教育、天氣、癌症、犯罪、足球...等資料。

2. | **世界經濟貿易合作組織資料庫**

「https://data.oecd.org/」，可以依國家和主題來搜索，包含了人口、稅收、進出口等經濟資料，全球經濟狀況...等資料。

3. | **世界銀行開放資料**

「https://data.worldbank.org.cn/」，可支援中文語系，提供國家居民消費模式、價格水平、融資、經濟數據、人口...等資料。

4. | **世界衛生組織 (WHO)**

「https://www.who.int/data/gho/data/themes/」，WHO 提供了關於免疫、疾病預治、藥物、營養...等方面最新資料分析。

5. | **美國政府開放資料**

「https://www.data.gov/」，美國政府於 2008 年就首開先例，大力推動政府開放資料，現今美國政府開放資料集已超過 19 萬筆。

6. | **英國國家數據中心**

「https://data.gov.uk/」，英國公開了許多公部門的完整資料，如商業和經濟小型企業，工業，進出口，氣象、醫療、交通資料...等。

7. | **Power BI 官方資源範例資料**

「https://github.com/microsoft/powerbi-desktop-samples/tree/main/powerbi-service-samples」，從這個 GitHub 存放庫可下載官方範例使用到的 Excel 資料檔案。(完整說明：https://learn.microsoft.com/zh-tw/power-bi/create-reports/sample-datasets#download-sample-excel-files)。

尋找特定主題資料

各開放平台下載資料的方式大同小異，以下藉由政府資料開放平臺 "http:// data.gov.tw/"，示範取得 "空氣品質" 相關數據資料。

Step 1 **以關鍵字找到相關資料**

1 於瀏覽器輸入網址，開啟 **政府資料開放平臺** 網站。

◀ 於搜尋列輸入關鍵字，或 選按 **進階搜尋器** 搜尋特 定資料。

◀ **資料集服務分類** 可選按合 適的類別項目找尋資料。

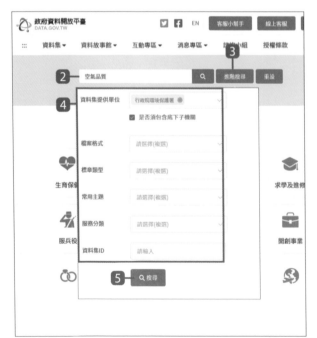

2 於搜尋列輸入關鍵字： 「空氣品質」。

3 選按 **進階搜尋**。

4 視需要，於其他相關欄位 指定提供單位、檔案格 式、標章類型...等。

5 按 **搜尋** 鈕開始搜尋。

Step 2 取得資料

1. 依關鍵字呈現的資料集列表中，可於 **排序** 設定合適的選項，在此選按項目清單鈕 \ **下載次數多至少**。

2. 選按合適的資料項目。(此範例選按 "空氣品質監測月值"；資料項目名稱下方會簡述其內容以及所提供的開放資料格式...等)

3. 進入資料項目詳細頁面，選按想要下載的格式，將該開放資料檔下載至本機電腦中。

TIPS

瀏覽器的差異

不同網頁瀏覽器在操作功能與限制上會稍有不同，此範例是使用 Microsoft Edge 瀏覽器)

下載並取得 XML 檔案

網路上開放資料平台常見的資料檔有 XML、JSON、CSV...等格式，其中載入 XML 格式檔案的操作方式與載入 Excel 檔相似。

Step 1 **將網路上的開放資料下載至本機**

於前面說明的政府資料開放平臺，下載 "空氣品質" 相關的 XML 格式檔案資料：
(在此使用 Microsoft Edge 瀏覽器示範)

1 選按 **XML**，開始下載該檔案至本機。(若出現安全性訊息，選按 **保留**。)

2 完成下載後可選按 **在資料夾中顯示** 圖示，會開啟預設儲存資料夾，即可看到下載的檔案。

Step 2 **於 Power BI Desktop 取得資料**

1 於 **Power BI Desktop**，選按 **常用 \ 取得資料**。

2 選按 **其他**。

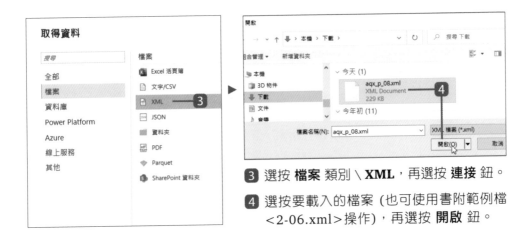

③ 選按 **檔案** 類別＼**XML**，再選按 **連接** 鈕。

④ 選按要載入的檔案 (也可使用書附範例檔
<2-06.xml>操作)，再選按 **開啟** 鈕。

Step 3 預覽內容並載入

於 **導覽器** 畫面會出現該 XML 檔案內偵側到的資料表項目，選按項目可於右側
瀏覽相關內容，核選項目左側的 □ 指定為要載入，最後選按 **載入** 鈕，將該資料
內容載入 Power BI Desktop。

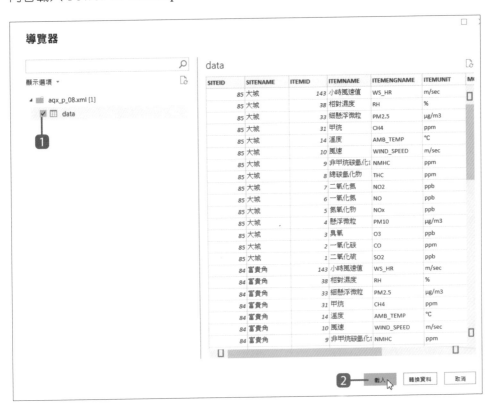

下載並取得 JSON 檔案

在此示範 JSON (JavaScript Object Notation) 格式檔案的載入方式 (每個 JSON 檔案組成結構不完全相同,展開的操作上會些許差異)。

Step 1 將網路上的開放資料下載至本機

於前面說明的政府資料開放平臺,下載 "空氣品質" 相關主題的 JSON 格式檔案資料:(在此使用 Microsoft Edge 瀏覽器示範)

1 選按 **JSON** 鈕。(會以新的頁面開啟 JSON 資料檔內容)

2 於資料內容上按一下滑鼠右鍵,選按 **另存新檔**,再指定儲存路徑,選按 **存檔** 鈕,將檔案儲存至本機。

Step 2 於 **Power BI Desktop** 取得資料

1 於 **Power BI Desktop**,選按 常用 \ 取得資料。

2 選按 **其他**。

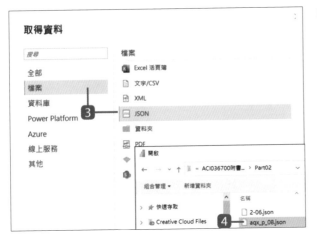

3 選按 **檔案** 類別 \ **JSON**，再選按 **連接** 鈕。

4 選按要載入的檔案，再選按 **開啟** 鈕。

Step 3　於 **Power Query** 編輯器展開資料

1 會進入 **Power Query 編輯器**，**查詢** 清單中連按二下資料表名稱，可為資料表更名。

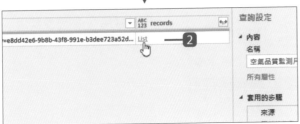

2 選按 **records** 欄的 **List**。

3 選按 **清單工具** \ **轉換** 索引標籤 \ **到表格**。

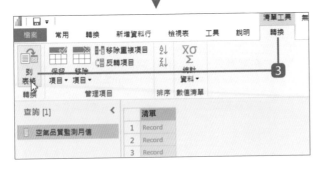

4 JSON 資料不需要指定分隔符號，直接選按 **確定** 鈕。

5 選按 **Column1** 右側的 **展開** 鈕。

6 保持核選所有資料行項目，僅取消核選 **使用原始資料行名稱做為前置詞**。(若無取消核選，每個欄位名稱前會被加上 "Column1.")

7 選按 **確定** 鈕，完成 JSON 資料的展開。

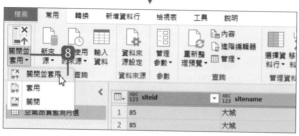

8 選按 **常用** 索引標籤 \ **關閉並套用** \ **關閉並套用**，回到 📊 **報告** 檢視模式。

下載並取得 CSV 檔案

開放資料平台中，直接選按 **CSV** 鈕即可下載 CSV 格式資料檔案，再於 Power BI Desktop 中連線該 CSV 檔案即可 (相關說明可參考 P21)。

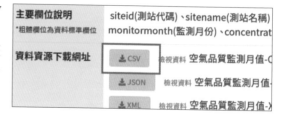

利用網址載入即時資料

當資料來源是利用網址載入，網路來源資料一旦有所更新，Power BI Destop 上的相關資訊與視覺效果也會同時更新，在此以 JSON 資料為例示範。

Step 1　複製網路上開放資料的連結

於前面說明的政府資料開放平臺，複製 "空氣品質" 相關主題的 JSON 資料連結。(在此使用 Microsoft Edge 瀏覽器示範)

1 選按 **JSON** 鈕。(會以新的頁面開啟 JSON 資料檔內容)

2 於網址列按一下滑鼠右鍵，選按 **複製**。

Step 2　於 Power BI Desktop 取得資料

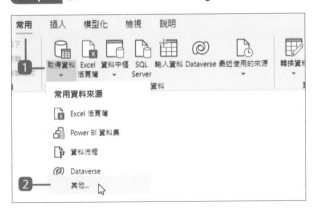

1 於 **Power BI Desktop**，選按 **常用 \ 取得資料**。

2 選按 **其他**。

3 選按 **其他** 類別 \ **Web**，再選按 **連接** 鈕。

4 於 **URL** 欄位，按 Ctrl + V 鍵，貼上前面複製的連結。

5 選按 **確定** 鈕。

6 選按 **連接** 鈕。

Step 3 直接取得或展開資料

依取得的資料類型不同，後續操作會有些許差異；若為無法直接載入取得的資料，可於 **Power Query 編輯器** 中開啟再展開資料 (例如：JSON 資料類型)。

7 建立視覺效果

Power BI Desktop 內建許多不同類型的視覺效果可供選擇，在此使用 "銷售訂單明細" 相關大數據搭配堆疊橫條圖，了解不同產品類別的銷售數量。

Step 1 在欄位窗格中檢視資料

開啟範例檔預設會進入 📊 **報告** 檢視模式，此範例檔已取得 <零售業銷售.xlsx> Excel 檔案 **訂單明細表** 資料表。**欄位** 窗格會顯示取得的資料表名稱，選按資料表名稱或左側的 ☑ 圖示，可展開 / 摺疊每個資料表，顯示該資料表內的欄位項目。

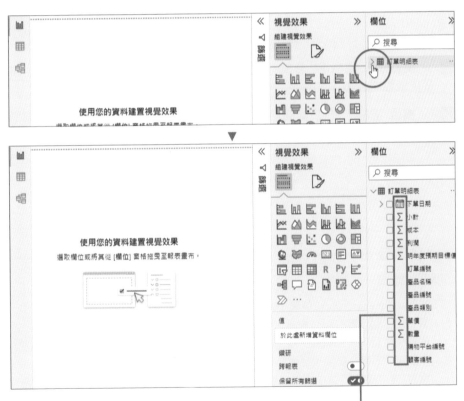

📰 代表日期階層資料：年、季、月、日，無圖示代表文字資料、 Σ 代表數值資料。

視覺效果物件是由 "維度" 搭配 "度量" 呈現 (也就是文字與數值的組合)。工作區內會開啟 **第 1 頁** 空白頁面,先指定視覺效果類型,再指定要加入的維度資料:**產品類別** 欄位與指標數值:**數量** 欄位。

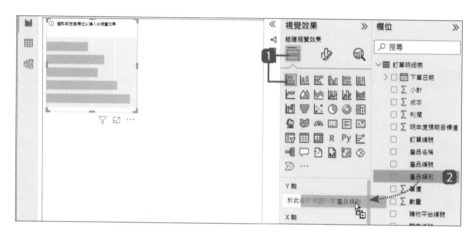

1 於 **視覺效果** 窗格 ▦ 標籤,選按 ▤ **堆疊橫條圖**,空白頁面中會產生堆疊橫條圖視覺效果物件。

2 於 **欄位** 窗格,拖曳 **產品類別** 欄位項目至 **Y軸** 欄位,呈灰色感應區時放開滑鼠左鍵,即將該欄位加入視覺效果物件Y軸中。

TIPS

關於 "維度"、"度量"

· **維度 (Dimension)** 、 **度量 (Measure)** 為統計分析的兩項核心,透過維度、度量可以看到流量的所有資訊。資料表中的欄位項目很多,例如:日期、小計、成本、數量、產品類別、產品名稱...等,視覺效果圖表要呈現怎樣的內容,取決於選擇了哪些維度與度量指標。

· **維度** 是物件的敘述性屬性或特性,例如此份訂單明細表中:產品編號、產品類別、產品名稱、訂單編號...等,也可說是描述屬性的 "文字"。

· **度量** 是每個屬性的質量,例如此份訂單明細表中:小計、成本、數量、單價...等,也可說是屬性的 "值"。

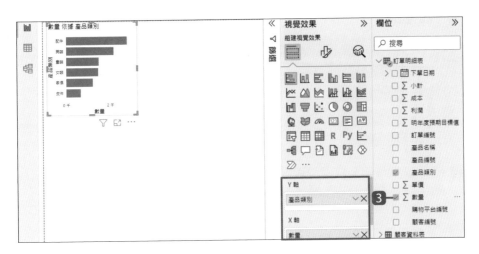

3 欄位除了以拖曳的方式加入視覺效果，也可直接核選想要加入的欄位項目，在此核選 **數量** 欄位項目。

可以看到前面指定的欄位項目均已分別加入 **Y軸**、**X軸** 欄位，並於頁面上的視覺效果物件中呈現。

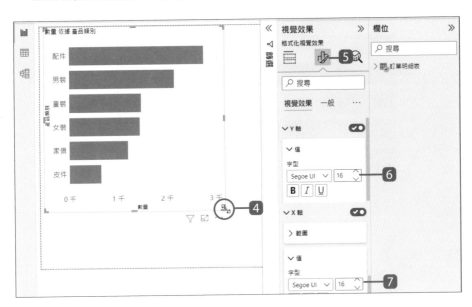

4 將滑鼠指標移至視覺效果物件右下角，呈 ⌐⌐ 狀，拖曳調整物件至合適大小。

5 於 **視覺效果** 窗格選按 ⬇ 標籤。

6 選按 **Y軸** 項目展開該區段，設定 **值** \ **字型**：**16**，放大文字大小。

7 選按 **X軸** 項目展開該區段，設定 **值** \ **字型**：**16**，放大文字大小。

8 將滑鼠指標移至頁面視覺效果物件上，呈 ▷ 狀，按住不放拖曳，可移動至頁面中合適位置擺放。

Step 3 **加入圖例**

為了更清楚了解不同年份各產品類別的訂購數量差異，將 **下單日期** 欄位項目加入視覺效果物件 **圖例** 元素中，並指定顯示年份。

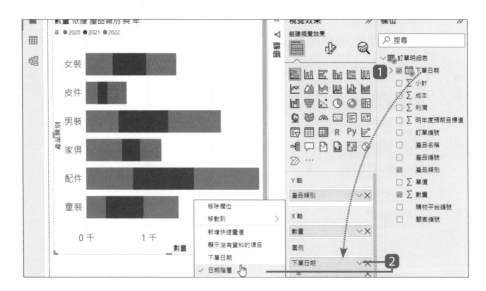

1 於 **欄位** 窗格，拖曳 **下單日期** 欄位項目至 📧 標籤 **圖例** 欄位，呈灰色感應區時放開滑鼠左鍵，即將該欄位加入視覺效果物件圖例中。

2 於 📧 標籤 **圖例** 欄位，選按 **下單日期** 項目右側 ☑ 圖示 ＼ **日期階層**，指定為預設日期階層 (年、季、月、日) 模式；會依最上層的年份資料統計呈現。

8 新增、刪除、複製頁面

進入 📊 **報告** 檢視模式，工作區內預設僅開啟一空白頁面，可以針對需求變更頁面標籤名稱、新增空白頁面、刪除頁面或複製頁面。

新增空白頁面

當預設的頁面不敷使用時，可以手動新增空白頁面。

◀ 選按頁面標籤右側的 ➕ **新增頁面** 鈕，新增空白頁面。

刪除頁面

不需要的頁面可直接手動刪除，刪除前會出現提示訊息確認是否刪除。

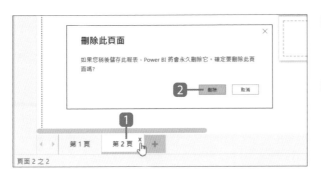

1️⃣ 將滑鼠指標移至想要刪除的頁面標籤右上角，選按 X 。

2️⃣ 於提示訊息選按 **刪除** 鈕，刪除該頁面。

複製頁面

想要依已設計好的視覺效果進行其他方式的呈現與調整時，建議可以先複製該頁面，既可保留原視覺效果又可於新的頁面中接續調整，既省時又方便。

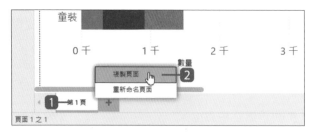

1 於頁面標籤名稱上按一下滑鼠右鍵。

2 選按 **複製頁面**，產生與該頁面內容相同的另一個頁面複本。

變更頁面標籤名稱

頁面標籤名稱並非固定無法改變，可依該頁分析主題幫標籤重新命名。

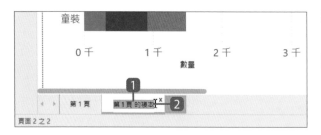

1 於想要修改頁面標籤名稱上連按二下滑鼠左鍵。

2 待舊名稱被選取時，直接輸入新名稱，並按 Enter 鍵完成更名。

TIPS

新增頁面的其他方式

除了上述的新增頁面方式，也可以選按 **插入** 索引標籤 ＼ **新增頁面**，再選擇要新增 **空白頁** 或是 **複製頁面**。

9 變更視覺效果類型

於 Power BI Desktop 變更視覺效果類型是彈指間就可完成的動作，不需重新製作，輕鬆更換成其他視覺效果。

相似類型的轉換

堆疊橫條圖、堆疊直條圖、群組直條圖、群組橫條圖、100% 堆疊橫條圖、100% 堆疊直條圖、折線圖、區域圖...等，就是最明顯的相似類型視覺效果，只要點選視覺效果圖例即可快速變換圖表。

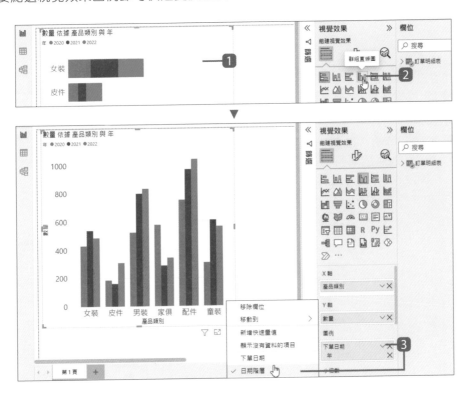

1️⃣ 選取頁面上想要變更的視覺效果物件。

2️⃣ 於 **視覺效果** 窗格選按要變更的類型 (此例選按 📊 **群組直條圖**)。

3️⃣ 於 🗒 標籤 **圖例** 欄位，選按 **下單日期** 項目右側 ☑ 圖示 \ **日期階層**，指定顯示年份資料。

不相似類型的轉換

條狀類型要變更成圓型圖、環圈圖、區域圖...等,屬於不相似視覺效果類型的轉換,在指定了新的視覺效果後,還需要微調欄位與格式才能有更好的呈現。

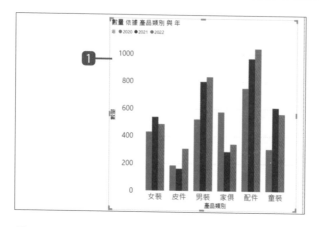

1️⃣ 選取頁面上想要變更類型的視覺效果物件。

2️⃣ 於 **視覺效果** 窗格選按要變更的類型 (此例選按 🔵 **環圈圖**)。

3️⃣ 於 🖿 標籤,**圖例** 的 **下單日期** 項目右側選按 ❌ 取消該項目。

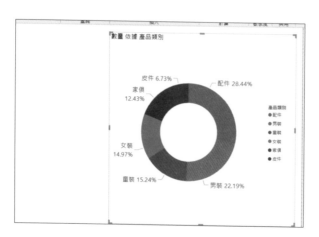

4️⃣ 於 **視覺效果** 窗格選按 🖼 標籤。

5️⃣ 選按 **詳細資料標籤** 項目展開該區段,設定標籤內容:類別,總計百分比、文字:**14**、顯示單位:無。

10 根據問題選擇視覺類型

Power BI Desktop 提共了多種視覺效果類型供使用者套用，以下簡單說明幾項常用的類型，方便你在設計視覺效果呈現大數據時，快速選擇最合適的類型。

分析 "趨勢" 類問題	分析 "比較" 類問題

📈 折線圖

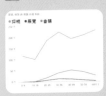

折線圖主要強調時間性與變化程度，可以藉此了解資料之間的差異性與未來趨勢。

⊡ 散佈圖

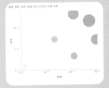

散佈圖是由二組數據結合成單一資料點，可快速看出二組資料數列間的關係。

⛰ 區域圖

以折線圖為基礎，會將軸與折線之間的區域填滿色彩，呈現不同時間的值或與其他類別資料的趨勢。

▣ KPI

$346,039

關鍵績效指標 (KPI) 是一種視覺提示，指出對於可測量目標已達成的進度。

📊 橫條圖

橫條圖適合用來強調一或多個資料數列中的分類項目與數值的比較狀況。

📊 直條圖

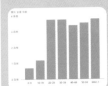

直條圖是最常使用的視覺效果類型，用於不同項目之間的比較，或是一段時間的資料變化。

⊞ 地圖

透過地圖將類別和數量資訊與空間位置產生關聯。

🌐 區域分佈圖

區域分佈圖也是透過地理位置或地區呈現，在地圖上的色塊顏色愈深，值愈大。

◐ 圓形圖

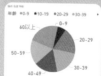

圓形圖強調總體與個體之間的關係，表現各項目佔總體的百分比數值。

◎ 環圈圖

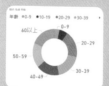

環圈圖類似圓形圖，表現部分與整體比例間的關係。

⛟ 漏斗圖

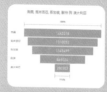

漏斗圖常用於呈現具有階段和項目的程序，依序從一個階段過渡到下一個階段的流程。

⊞ 樹狀圖

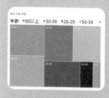

樹狀圖以彩色矩形呈現，矩形愈大表示值愈大。

⌗ 量測計

量測計圖具有圓弧線段，會針對某一目標測量進度，目標值由線條表示。

123 卡片

台北	
205	8,250,952
顧客備駛 的計數	給賣金額
宜蘭縣	
494	18,647,352
顧客備駛 的計數	給賣金額
桃園縣	
1123	44,660,797
顧客備駛 的計數	給賣金額

卡片分為：多列與單一，主要強調報表中重要的項目與值。

⊞ 資料表、⊞ 矩陣

屬業類別	Female	Male
住宿和餐飲業	14,653...	26,079,...
20	2,568,061	2,054,640
30	5,429,208	6,805,997
40	3,850,202	8,830,845
50	2,325,074	7,051,094
60	481,369	1,336,925
其他	24,324...	16,068...

資料表與矩陣圖適合有許多類別之項目間的數量比較，將資料列和資料行的資料呈現。

⊡ 交叉分析篩選器

職業類別
- ☐ 住宿和餐飲業
- ☐ 其他
- ☐ 金融業和房地產
- ☐ 教育體育文化
- ☐ 農林牧漁業

交叉分析篩選器：報表中的變動元素，以方便呈現各階段需要篩選的內容。

T I P S

各視覺效果類型的使用時機與方式

後續單元中會詳細說明各視覺效果類型的使用時機，示範應用與調整方式。

11 儲存報告

辛苦建立的視覺效果，千萬記得要儲存為 Power BI 專案檔案：*.pbix，這樣才能於關閉 Power BI Desktop 後再次開啟瀏覽或編修。

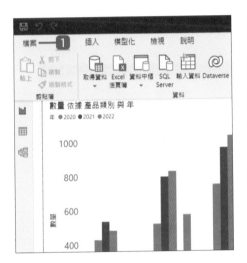

1️⃣ 選按 **檔案** 索引標籤。

2️⃣ 選按 **儲存**。(已儲存過的檔案會直接儲存變更，未儲存過的檔案會開啟 **另存新檔** 對話方塊。)

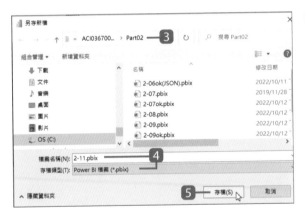

3️⃣ 指定儲存路徑。

4️⃣ 輸入檔案名稱，指定 **存檔類型**：**Power BI 檔案**。

5️⃣ 選按 **存檔** 鈕。

Power BI Desktop 的更新

Power BI Desktop 是個安裝於本機電腦的應用程式，然而官網仍會持續更新這套開發工具，並會在上網的環境下對該應用程式進行檢查與更新提醒。如果在 Power BI Desktop 畫面右下角出現更新訊息，可以選按該訊息後，進入官網相關文章了解更新內容並下載最新版本。

也可以直接進入「https://learn.microsoft.com/zh-tw/power-bi/fundamentals/desktop-latest-update?tabs=powerbi-desktop」，先了解更新的項目，再斟酌是否需要下載最新版本還是繼續使用目前的版本。

更豐富的視覺化設計元素

想要解讀資料庫、資料表中複雜的文字與數值所要傳遞的
訊息,只有將資料套用視覺效果是不夠的,需要更進一步
的設計與調整組成元素,才能完整呈現數據視覺化。

1 認識視覺效果的組成元素

了解視覺效果的組成元素名稱後，才能針對各元素區塊設定呈現方式、字型、顏色...等。以堆疊直條圖為例說明視覺效果各項組成元素：

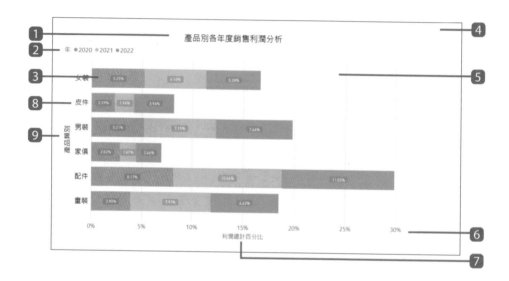

1 **標題**：名稱與內容主題。

2 **圖例**：透過圖案或顏色說明所代表相關的資料數列。

3 **資料標籤**：資料數列的值。

4 **背景**：整個視覺效果的範圍，可指定色彩與透明度。

5 **繪圖區**：位於資料數列後方，可設計為圖片背景。

6 **X 軸標籤**：部份視覺效果類型才有的元素，顯示文字或數值刻度。

7 **X 軸標題**：部份視覺效果類型才有的元素，座標軸名稱。

8 **Y 軸標籤**：部份視覺效果類型才有的元素，顯示文字或數值刻度。

9 **Y 軸標題**：部份視覺效果類型才有的元素，座標軸名稱。

色彩是一種很重要的視覺語言，在美化的過程中，透過豐富的配色並搭配清楚的資料內容，不但能加強瀏覽者對視覺效果的印象，更可以讓人充分感受到色彩所傳達的訊息。

以下提供幾種配色的方法，幫助使用者在設計視覺效果時輕鬆搭配：

單色搭配

為了讓視覺效果更好看，常會不知不覺使用了很多色彩，反而造成瀏覽者的負擔與混亂。這時候如果只有一種資料數列，套用單色效果就夠了！

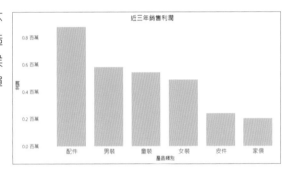

同色系搭配

同色系是將一種顏色，透過深淺的變化組合，Power BI 色票中會依主色整理出同色系，可直接指定套用。這樣的配色方式，會給人一致性的感覺並充滿協調與層次感。

同色系的搭配效果，較常用於堆疊長條圖 (橫條圖)，而顏色則是由深至淺，從下而上 (從左而右) 呈現較佳。

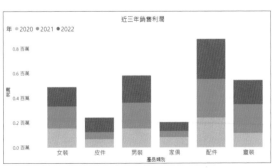

鄰近色系搭配

色環上任選一種顏色，二側的顏色即為同組的鄰近色。因為基礎色相同，所以色系接近，如果應用在視覺效果設計，搭配起來較為和諧。

對比色系搭配

在色環上相對的顏色即是所謂的對比色，也稱為互補色，例如：紫色與黃色、綠色與紅色...等，除了色彩之外，還有明暗、深淺、冷暖...等對比搭配，套用得當，可以強調資料的對立性或差異性，更可以給人一種活潑感與生命力。

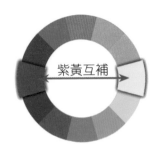

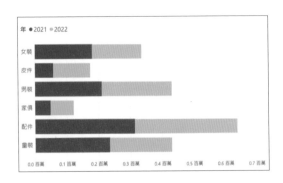

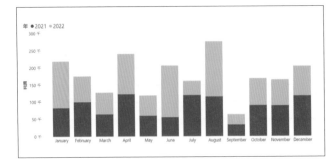

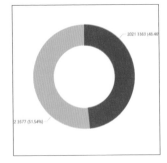

色彩象徵的意義

色彩是瀏覽者對視覺效果的第一印象，每一種顏色都代表著潛在的感受和情緒，若能依據主題與內容選擇合適的色彩，可以讓視覺效果擁有更好的識別度，以下就常見的幾個色彩色系簡單說明。

● **藍色** 象徵著值得信賴的、可靠的、安全的和負責任的。會讓人聯想起天空和海洋，航空公司、航運業、金融業都常採用這個顏色，藍色還有清潔、衛生的含意，所以也常被用來呈現和水相關的產品或清潔服務。另外，藍色是男性化的顏色，廣泛為男性所接受，常用於代表男性的色彩。

● **紅色** 象徵著進取、活潑、刺激。是一個極引人注目的顏色，但是另一方面，紅色也有危險和債務的意思。而此色系中的粉紅色則象徵著青春、快樂和積極性，更富含浪漫，所以是常用於代表女性的色彩。

● **橘色** 象徵著活潑、樂趣、富麗、明朗、親切和充滿朝氣。它也是一個令人注目的顏色，但卻不像紅色那樣刺激，是一個富有親和感的顏色。

○ **黃色** 象徵光明、輝煌、充實、成熟、溫暖。黃色是陽光的顏色，能令人感到愉悅，常用來促銷兒童產品和休閒相關的項目。明亮地純黃色能引起注意，黃色與黑色的組合經常被用來發出警告。

● **綠色** 象徵成長、和諧、清新、自然、和平、幸福和新鮮。綠色與財富和聲望有關，相對於紅色而言，綠色表示安全性，所以常用於數值達標或過關，也常被用來呈現和藥品、醫療產品、推廣環保相關的。

● **棕色** 象徵直率、穩定、幽靜、輕鬆、舒適。大地色系普遍來說較多正面的感受，讓人容易感覺親近、無壓力。

● **灰色** 象徵安靜、冷淡、樸素、穩健、柔和、高雅、科技。中性色系，在視覺上是最安定的顏色，也是與其他色彩搭配最好的選擇。

● **黑色** 象徵嚴肅、正式、權力、神秘，但也能給人嚴肅、冷漠的感覺。黑色跟鮮豔的色彩產生良好的對比，但是不建議以黑色作為背景色。

○ **白色** 象徵光、善良、天真、純潔和簡單的代表色。白色有助於提供清晰而乾淨的感受，因此在醫院、診所、實驗室和相關醫療產品中非常常見。

色彩選用的考量

每個人都會有自己偏好、喜歡的顏色,然而面對報表中各式視覺效果資料色彩的選擇,首先該考量的是什麼?

- **主題與內容**:若是產品分析圖,需要考量產品有什麼樣的特質,再為其選用合適的色彩。

- **公司代表色**:每個公司大都會有設計 LOGO 或代表色,在正確的項目上使用公司的代表色。

- **競爭對手的代表色**:如果採用相似的顏色可能會成為競爭對手的推廣者,而無法成功的強調出自己的報告內容。

- **文化差異**:例如白色在東方與西方文化中有著不一樣的象徵,不同的產品與服務也會對特定的顏色有所忌諱。

- **色彩象徵意義**:例如 "男" 與 "女" 性客戶的分析中,一般都會用藍色代表 "男"、紅色代表 "女",如果將色彩代表色顛倒套用時,很容易影響識別度。

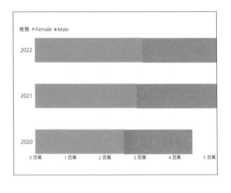

- **色彩連貫性**:如果在同一份報表中多個視覺效果內,同一個顏色代表的資料項目都不一樣,也很容易影響識別度。

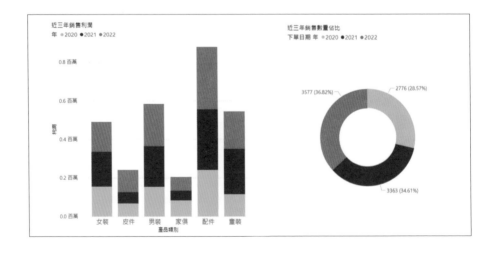

3 調整位置與寬高

視覺效果建立後為了編輯方便及符合資料需求，可適當調整位置與大小。

Step 1 手動調整位置與寬高

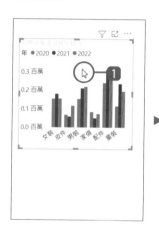 ▶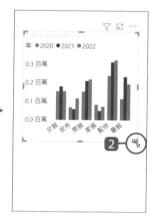

1 將滑鼠指標移至視覺效果上呈 ▷ 狀時，按住滑鼠左鍵不放，可拖曳至適當的位置。

2 選取視覺效果後，將滑鼠指標移至視覺效果物件四個角落控點上呈 ↘ 狀時，按住滑鼠左鍵不放，可拖曳調整大小。

Step 2 以精確的數值調整位置與寬高

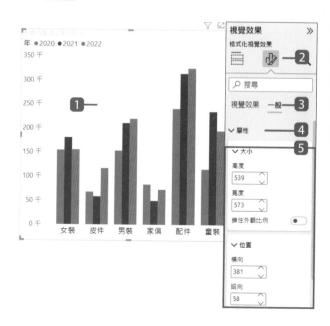

1 選取視覺效果物件。

2 於 **視覺效果** 窗格選按 圖。

3 選按 **一般** 標籤。

4 選按 **屬性** 區段。

5 **大小 \ 高度、寬度** 欄位輸入值 (單位：像素) 可以指定視覺效果物件的大小；**位置 \ 橫向、縱向** 欄位輸入值可以指定視覺效果物件的位置。

4 標題文字設計

建立視覺效果後，會於左上角顯示預設的標題文字，可以依照資訊數據調整標題文字的內容與樣式。

Step 1 進入格式標籤

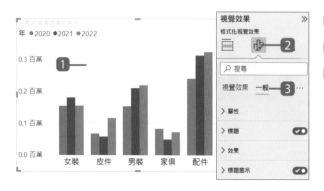

1 選取視覺效果物件。

2 於 **視覺效果** 窗格選按 。

3 選按 **一般** 標籤。

Step 2 編修標題文字與字型格式

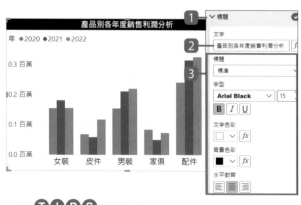

1 選按 **標題** 區段。

2 **文字** 欄位輸入合適的標題文字，按 Enter 鍵完成輸入。

3 **字型、文字色彩、背景色彩、水平對齊** 設定合適的格式。

TIPS

隱藏標題

想要隱藏標題，可以在選取視覺效果物件狀態下，**視覺效果** 窗格選按 ，再於 **一般** 標籤 **標題** 區段右側選按 ，切換為 ⊙。

5 X (水平) 軸設計

X 軸是直條圖、橫條圖、折線圖、區域圖...等視覺效果特有的元素，X 軸標籤與標題，可協助瀏覽者了解視覺效果中水平座標軸所代表的資料項目。

Step 1 調整 X 軸標籤色彩、文字大小

預設 X 軸標籤會顯示在圖表下方，可依如下方式調整色彩、文字大小。

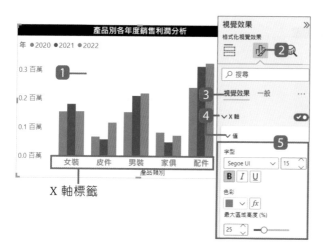

1. 選取視覺效果物件。
2. 於 **視覺效果** 窗格選按 ⫷。
3. 選按 **視覺效果** 標籤。
4. 選按 **X 軸 \ 值** 區段。
5. **字型、色彩** 設定合適的格式。

Step 2 加上 X 軸標題

藉由 X 軸標題可以讓瀏覽者更了解 X 軸的資料項目。

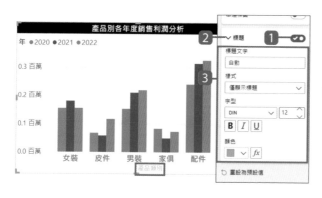

1. **X 軸 \ 標題** 區段右側確認已切換為 ⬤。
2. 選按 **標題** 區段。
3. X 軸標題預設是以擺放在此的欄位名稱命名，如果想要自訂可於 **標題文字** 欄位輸入，再調整樣式、色彩、大小與字型。

6 Y (垂直) 軸設計

Y 軸是直條圖、橫條圖、折線圖、區域圖...等視覺效果特有的元素，Y 軸標籤與標題文字，可協助瀏覽者了解 Y 軸所代表的資料值。

Step 1 調整 Y 軸標籤色彩、文字大小

預設 Y 軸標籤會顯示在圖表左側，可依如下方式調整色彩、文字大小。

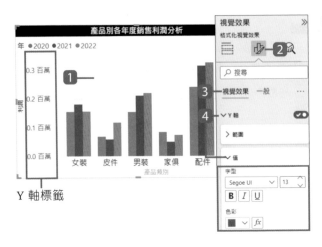

1. 選取視覺效果物件。
2. 於 **視覺效果** 窗格選按 [按鈕]。
3. 選按 **視覺效果** 標籤。
4. 選按 **Y 軸 \ 值** 區段，設定合適的字型、色彩格式。

Step 2 加上 Y 軸標題

藉由 Y 軸標題可以讓瀏覽者更了解 Y 軸數值資料量值。

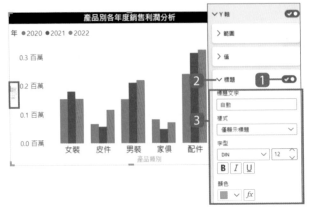

1. **Y 軸 \ 標題** 區段右側確認已切換為 [開啟]。
2. 選按 **標題** 區段。
3. Y 軸標題預設是以擺放在此的欄位名稱命名，如果想要自訂可於 **標題文字** 欄位輸入，再調整樣式、色彩、大小與字型。

7 隱藏/顯示座標軸標籤與標題

若整頁空間安排較擁擠，可考量隱藏座標軸標籤與標題，以凸顯視覺效果內的資料數列資訊，在此要示範隱藏 Y 軸標籤與標題。

Step 1 隱藏座標軸標題

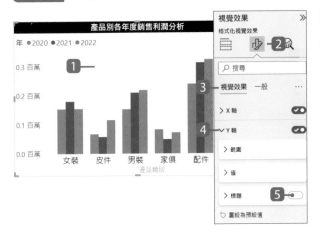

1 選取視覺效果物件。

2 於 **視覺效果** 窗格選按 ⬚。

3 選按 **視覺效果** 標籤。

4 選按 **Y 軸** 區段。

5 **標題** 區段右側選按 ⬤，切換為 ⬤，即可隱藏該座標軸標題。

Step 2 隱藏座標軸標籤

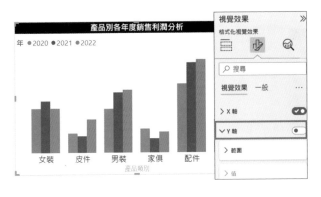

◀ **Y 軸** 區段右側選按 ⬤，切換為 ⬤，即可隱藏該座標軸標籤。

Step 3 顯示座標軸與座標軸標題

若要再次顯示座標軸標籤與標題，只要於 **視覺效果** 窗格 \ ⬚ \ **Y 軸** 區段右側，選按 ⬤，切換為 ⬤ 即可。

8　調整 Y 軸刻度單位

視覺效果中的 Y 軸，如果遇到數值較大時，往往還要 "個、十、百、仟..." 的一個個位數計算，更可能因為眼花而看錯位數，這時透過單位的顯示，可以讓數值有更好的呈現方式，在此要示範為 Y 軸標籤指定顯示單位。

Step 1　開啟格式標籤

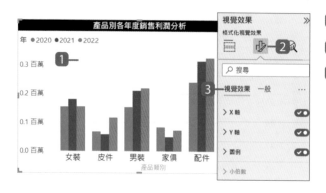

1 選取視覺效果物件。

2 於 **視覺效果** 窗格選按 ⚟。

3 選按 **視覺效果** 標籤。

Step 2　調整座標軸顯示單位

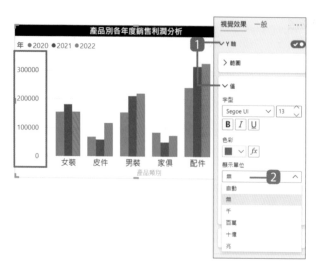

1 選按 **Y 軸 \ 值** 區段。

2 選按 **顯示單位** 欄位，指定合適單位，預設有：**無、千、百萬、十億、兆** 可套用 (**無** 是依原數值完整顯示不套用單位)。

9 │ 調整 Y 軸刻度範圍

Y 軸的數值範圍預設會自動取得最合適的 **開始**、**結束** 值，當然也可以手動調整。以此範例的群組直條圖來說，Y 軸 **開始** 值即 Y 軸最下方的值；**結束** 值則為最上方的值，若數值範圍與實際值差距太大，會無法看出資料數列變化。

Step 1 開啟格式標籤

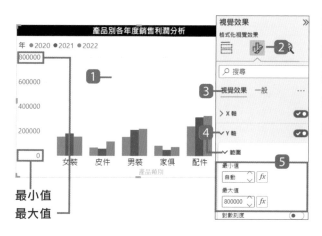

1 選取視覺效果物件。

2 於 **視覺效果** 窗格選按 ✋。

3 選按 **視覺效果** 標籤。

3 選按 **Y 軸 \ 範圍** 區段。

5 **最大值** 欄位已設定值為 80 萬，然而數據中最大值還不到 40 萬，因此使得視覺效果變化不明顯。

Step 2 修改 Y 軸 "最大值" 與 "最小值"

將 Y 軸數值的範圍設定為 0～400000，讓直條圖柱列變化更加明顯。

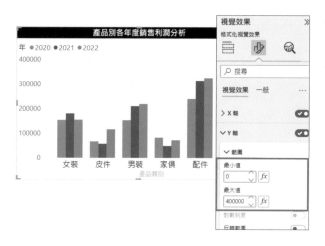

◀ **最小值** 輸入「0」，**最大值** 輸入「400000」。

◀ 若無特殊要求，會建議刪除值套用 **自動**，由 Power BI 自動偵側最合適的最小與最大值，如此於各式篩選條件產生時 Y 軸範圍才會自動改變。

---

10 顯示圖例並指定位置與格式

建立視覺效果時，預設會產生相關圖例，有助於辨識資料在視覺效果中所呈現的顏色或形狀，你也可依照需求指定圖說項目以及相關格式。

自動產生的圖例

圖例預設會呈現在視覺效果物件的左上角，若視覺效果中僅需要呈現單一欄位資料項目或值，不會有圖例說明，一旦指定多個欄位項目即會出現圖例說明。

◀ **X 軸、Y 軸** 欄位中只有單一欄位項目時，不會產生圖例。

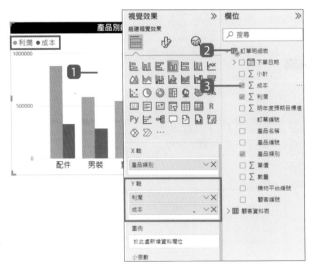

1. 選取視覺效果物件。

2. 於 **欄位** 窗格選按想要使用的資料表項目。

3. 核選第二個數值欄位（Y軸會變成配置二個欄位項目），視覺效果左上角即會出現相關圖例。

指定產生的圖例

圖例可以透過指定的方式來呈現，在此要呈現男性與女性顧客各別產生的利潤。

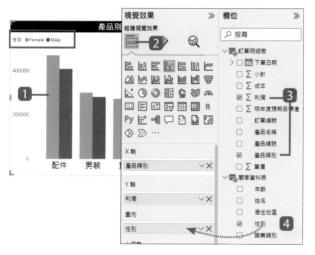

1. 選取視覺效果物件。

2. 於 **視覺效果** 窗格選按 ▦。

3. 於 **欄位** 窗格，維持核選 **訂單明細表** 資料表中的 **利潤** 與 **產品類別** 欄位項目，取消核選其他項目。

4. 拖曳 **顧客資料表** 資料表中的 **性別** 欄位項目至 **圖例** 欄位。

視覺效果會將原來 **利潤** 的值，依性別以不同的資料柱列呈現。

調整圖例位置與格式

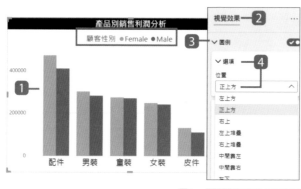

1. 選取視覺效果物件。

2. 於 **視覺效果** 窗格選按 ⬀，選按 **視覺效果** 標籤。

3. 選按 **圖例** 區段。

4. **圖例 \ 選項** 區段 **位置** 欄位可以指定圖例位置。

5. **圖例 \ 文字** 區段可設定 **字型**、**色彩** 文字的格式。

6. **圖例 \ 標題** 區段可輸入圖例標題名稱。

11 調整資料色彩

視覺效果中 "色彩" 是最強烈也是最不可忽視的元素，色彩調整方式有許多種，一起來看看如何調整代表各資料數列的色彩。

變更預設色彩

此範例檔第 1 頁，可以看到代表產品類別利潤值的資料數列，預設只有套用一個色彩，可以一次更改該色彩，也可為特定產品類別項目套用醒目色彩。

Step 1 一次全部變更

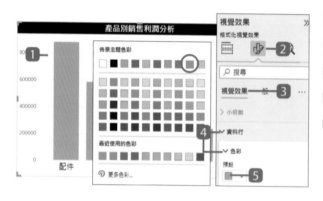

1. 選取視覺效果物件。
2. 於 **視覺效果** 窗格選按 ⚑。
3. 選按 **視覺效果** 標籤。
4. 選按 **資料行 \ 色彩** 區段。
5. 選按 **預設** 色塊，可一次變更所有項目的色彩。

Step 2 變更指定資料項目

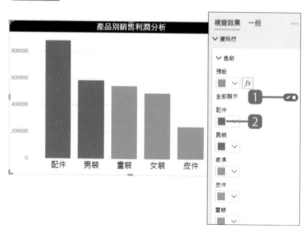

1. 同樣於 **資料行 \ 色彩** 區段，**全部顯示** 右側選按 ⚬，切換為 ⚭，這時可看到所有資料項目的色塊。
2. 選按各資料項目右側色塊可各別指定新的色彩。

變更同系列資料色彩

此範例檔第 2 頁，可見當圖表中加入 "圖例"，會依圖例欄位項目主導色彩，在此要變更各年份資料所代表的色彩。

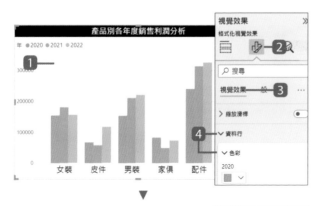

1. 選取視覺效果物件。
2. 於 **視覺效果** 窗格選按 ✍。
3. 選按 **視覺效果** 標籤。
4. 選按 **資料行 \ 色彩** 區段。

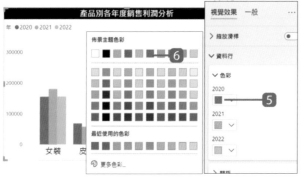

5. **資料行 \ 色彩** 區段會看到各年份項目，於要調整的項目下方選按色塊。
6. 於色彩選擇清單中選按合適的色彩套用，即可完成該項目色彩的調整。

自訂色彩

除了套用預設色彩清單中的色彩，也可以自訂色彩或輸入色碼。

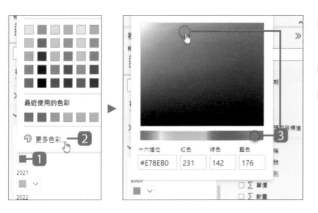

1. 於 **資料行 \ 色彩** 區段，選按資料項目下方色塊。
2. 色彩清單中選按 **更多色彩**。
3. 先於色相條中選按主色，再於上方檢色器選按合適的色彩；或於下方輸入色碼再按 **Enter** 鍵即可套用對應的色彩。(上網搜尋關鍵字 "色碼表"，可取得各色彩色碼。)

套用色彩格式化條件_最小值、最大值

由 Power BI 判斷目前該視覺圖表最新統計值，再依格式化條件套用色彩。此範例第 3 頁，示範以 "利潤" 加總值判斷，依最小值與最大值指定的色彩漸層呈現 (只適用部份視覺效果類型)。

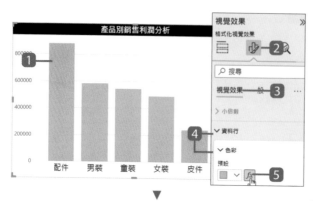

1 選取視覺效果物件。

2 於 **視覺效果** 窗格選按 ▣。

3 選按 **視覺效果** 標籤。

4 選按 **資料行 \ 色彩** 區段。

5 選按預設色塊右側 *fx*。

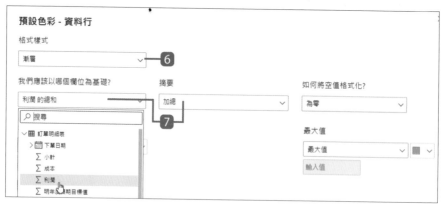

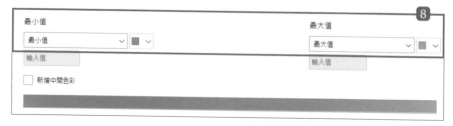

6 於 **預設色彩** 對話方塊中設定：**格式樣式：漸層**。

7 設定 **我們應該以哪個欄位為基礎：訂單明細表 \ 利潤、摘要：加總**。

8 選按 **最小值、最大值** 右側色塊指定色彩，最後選按 **確定** 鈕完成格式化條件設定。

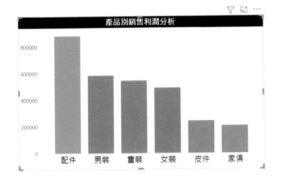

▶ 之後設定其他篩選條件
時，會自動依篩選後的最
大值、最小值套用色彩格
式化條件所設定的色彩。

修改色彩格式化條件

已套用色彩格式化條件的視覺化圖表，可再次調整條件與色彩。

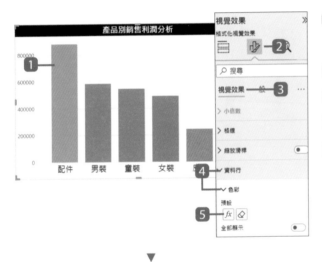

1 選取已套用色彩格式化條
件的視覺效果物件。

2 於 視覺效果 窗格選按 ⬇。

3 選按 視覺效果 標籤。

4 選按 資料行 \ 色彩 區段。

5 於 預設 選按 fx，可再次
開啟設定對話方塊調整。
(若選按 ⬥ 則會清除目
前套用的格式化條件)。

▼

12 用色彩區隔達標或未達標的項目

色彩格式化條件的呈現還可以指定規則，在此示範依 "利潤" 加總值判斷，當值符合指定規則時會呈現指定色彩 (可設定多項規則)，這樣的設計可以更清楚顯示達標或未達標的項目。

Step 1 設計達標、未達標 / 利潤最小值到最大值的整體值範圍 20 %

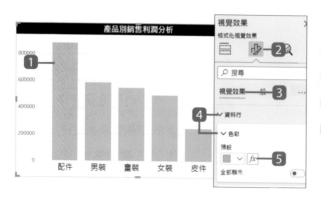

1 選取視覺效果物件。

2 於 **視覺效果** 窗格選按。

3 選按 **視覺效果** 標籤。

4 選按 **資料行 \ 色彩** 區段。

5 選按 *fx*。

▼

6 於 **預設色彩-資料行** 對話方塊中設定：**格式樣式：規則**，我們應該以哪個欄位為基礎：**訂單明細表 \ 利潤、摘要：加總**

7 選按 **新增規則** 鈕產生第二個規則列。

8 於 **如果值** 依上圖完成二個規則設定，為利潤值未達 "最小值到最大值的整體值範圍 20 百分比" 與已達，各別指定色彩，最後選按 **確定** 鈕完成依規則條件呈現指定色彩。(也可藉由數值指定規則)

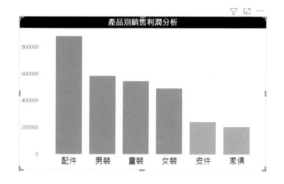

◀ 之後設定其他篩選條件時，會自動依篩選後的值套用色彩格式化條件所設定的色彩。

設計三個條件

延續前一步驟，若要呈現 "達標"、"尚可"、"未達標" 三個標準，"達標" 以綠色呈現、"尚可" 以橘色呈現、"未達標" 以紅色呈現，可以如下調整。

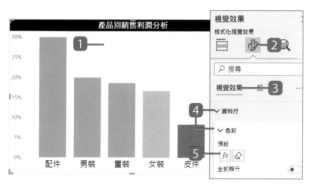

1 選取視覺效果物件。

2 於 視覺效果 窗格選按 🖉。

3 選按 視覺效果 標籤。

4 選按 資料行 \ 色彩 區段。

5 於 預設 選按 fx，可再次開啟設定對話方塊調整。

6 選按 新增規則 鈕產生第三個規則列。

7 於 如果值 依上圖完成三個規則設定，為利潤值未達最小值到最大值的整體值範圍 20 百分比、 50 百分比或已達，各別指定色彩，最後選按 確定 鈕完成依規則條件呈現指定色彩。(也可藉由數值指定規則)

13 負值資料列以紅色呈現

藉由色彩格式化條件，用色彩強調正、負值資料數列。

Step 1 指定依據的資料欄位

依 **訂單明細表** 資料表 **利潤差值** 欄位的值，呈現長條圖的資料色彩。

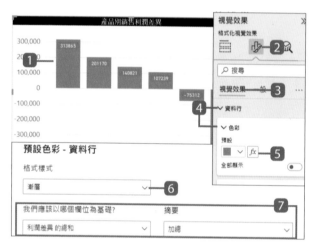

1 選取視覺效果物件。

2 於 **視覺效果** 窗格選按 ⏺。

3 選按 **視覺效果** 標籤。

4 選按 **資料行 \ 色彩** 區段。

5 選按 fx。

6 設定：**格式樣式：漸層**。

7 設定 **我們應該以哪個欄位為基礎：訂單明細表 \ 利潤差異、摘要：加總**。

Step 2 自訂最大值、最小值及色彩

正值以綠色呈現，負值以紅色呈現，指定標準值為 "0"。

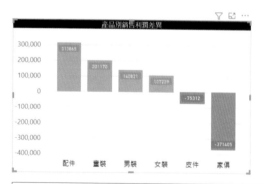

1 於 **預設色彩** 對話方塊，**最小值** 設定：**自訂、紅色**，輸入「0」。

2 **最大值** 設定：**自訂、綠色**，輸入「0」，再選按 **確定** 鈕完成條件式色彩設定。

14 套用合適的佈景主題色彩

透過佈景主題，可於預設多組色設計選擇一組套用至整份報表，報表中所有頁面的視覺效果都會套用該主題配色、背景和格式。也可從官網提供的更多佈景主題下載套用或匯入自訂的主題。

Step 1 套用與切換主題

於 **檢視** 索引標籤選按 **主題** 清單鈕，主題清單中選按合適的項目套用。(若報表中有使用手動指定色彩，套用主題時將會保留該色彩。)

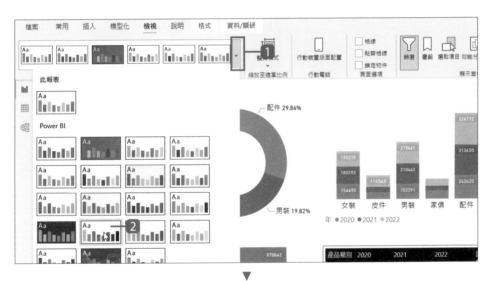

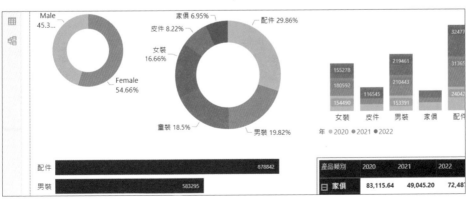

套用線上佈景主題庫

Power BI 官網提供了多組佈景主題，可以下載到本機套用至整份報表。

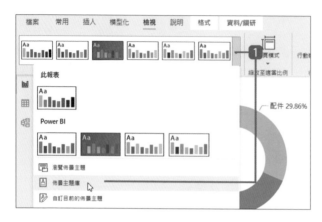

1 於 **檢視** 窗格選按 **主題** 清單鈕 \ **佈景主題庫**。

2 Power BI 佈景主題頁面中有多組主題提供選擇，選按想要下載的主題。

3 選按 "主題名稱.json" 右側圖示，即可下載該 Power BI 報表主題檔案。

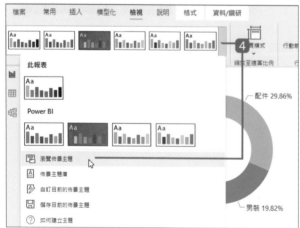

4 於 **檢視** 窗格選按 **主題** 清單鈕 \ **瀏覽佈景主題**，指定開啟剛剛下載的 *.json 報表主題檔案，即可為此報表套用該主題色彩、背景與格式。

15 添加與設計資料標籤

視覺效果可以看到資料數列間的差異，但無法得知正確的數值 (雖然將滑鼠指標移至資料數列上即會呈現數值，但還是不太方便)。這時可為資料數列加上資料標籤，更確切看出對應的資料數值。

Step 1 顯示並調整顯示位置

調整資料標籤在資料數列上的位置，擺放在合適的位置可讓圖表更容易瀏覽。

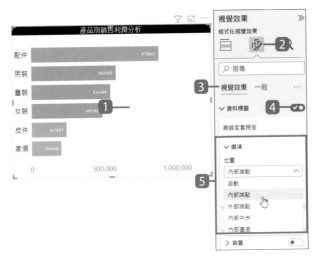

1 選取視覺效果物件。

2 於 **視覺效果** 窗格選按 ⬇。

3 選按 **視覺效果** 標籤。

4 **資料標籤** 區段右側選按 ⬤，切換為 ⬤。

5 **資料標籤 \ 選項** 區段，**位置** 欄位有多個項目，可指定資料標籤顯示位置。

Step 2 調整格式

1 **資料標籤 \ 值** 區段，設定資料標籤文字格式，若文字大小過大超出圖表項目可視區域，可於 **溢出區的文字** 右側選按 ⬤，切換為 ⬤。

2 **資料標籤 \ 背景** 區段右側選按 ⬤，切換為 ⬤，為資料標籤文字後方加上背景色塊，設定色彩與透明度。

16 為資料標籤數值資料加上 $ % ,

資料數列上的資料標籤，除了色彩、文字大小、小數位數的格式設定外，還可為數值加上貨幣格式 **$**、百分比格式 **%**、千位分隔符號 **,** ...等格式。

Step 1 套用千位分隔符號、貨幣格式

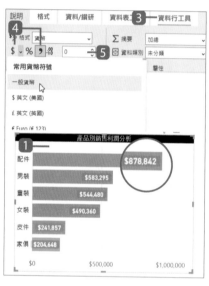

1️⃣ 範例檔第 1 頁，選取視覺效果物件。

2️⃣ 於 **欄位** 窗格選按資料標籤對應欄位，在此選按 **訂單明細表** 資料表 \ **利潤** 欄位。

3️⃣ 選按 **資料行工具** 索引標籤。

4️⃣ 選按 **，** 為數值加上千位分隔符號，或選按 **$** 為數值加上貨幣格式。

5️⃣ 最後再指定合適的小數位數。

Step 2 套用百分比格式

若資料標籤的值代表了比率，可以為資料數值加上百分比格式。

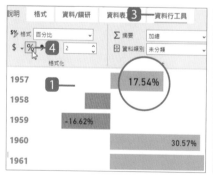

1️⃣ 範例檔第 2 頁，選取視覺效果物件。

2️⃣ 於 **欄位** 窗格選按資料標籤對應欄位，在此選按 **顧客成長率** 資料表 \ **成長率** 欄位。

3️⃣ 選按 **資料行工具** 索引標籤。

4️⃣ 選按 **%** 套用百分比。

動態分析參考線

為視覺效果加上分析，如 Excel 的趨勢線，為重要趨勢或深入解析提供焦點，
Power BI 支援如下參考線 (每種視覺效果可套用的參考線不同)：

類型	用途
常數線	指定一個數值產生常數線，視覺效果可以依該值解析。
最小值線	在指定的量值最低值處，產生參考線。
最大值線	在指定的量值最高值處，產生參考線。
平均線	在指定的量值平均值處，產生參考線。
中位數線	在指定的量值中間值處，產生參考線。
百分位數線	在指定的量值最高值的指定百分比處，產生參考線。
X 軸常數線	指定一個 X 軸（橫軸）上的數值，產生直的參考線。
Y 軸常數線	指定一個 Y 軸（直軸）上的數值，產生橫的參考線。
趨勢線	折線圖 \ 有日期項目時可以建立趨勢線，依目前的值呈現趨勢方向參考線。
趨勢預測	折線圖 \ 有日期項目時可以建立趨勢預測，依目前的值呈現未來可能的趨勢範圍。

Step 1 加入分析

分析參考線加入的方式相似，在此以直條圖加入 **平均線** 為例示範。

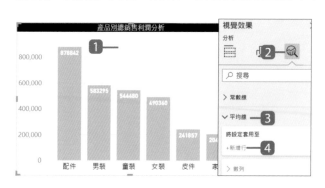

1️⃣ 選取視覺效果物件。

2️⃣ 於 **視覺效果** 窗格選按 圖示。

3️⃣ 選按 **平均線** 區段。

4️⃣ 選按 **新增行**。

參考線與視覺效果元素一樣，在加入後可以調整依據的量值 (欄位)、色彩、透明度、樣式與位置。

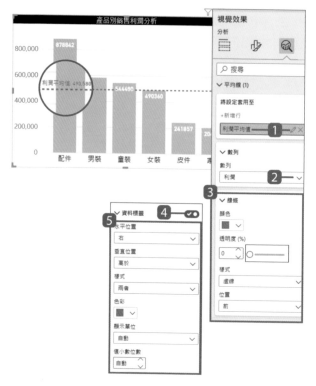

1 修改該參考線的名稱。

2 **數列 \ 數列** 區段，指定依據的量值項目 (此參考線要依據的資料位)。

3 **線段** 區段，設定參考線顏色、透明度、樣式與位置...等相關格式。

4 **資料標籤** 區段右側選按 ●，切換為 ●。

5 設定參考線資料標籤文字水平位置、垂直位置、樣式、色彩、顯示單位、小數位數...等相關格式。

TIPS

無法加入 "分析"

· 不是所有的視覺效果類型都可以建立分析參考線，如果該視覺效果無法建立時會在 🔍 看到如左圖訊息。

· 部分視覺效果類型只能加入特定的參考線，例如：常數線，會在 🔍 看到如右圖狀況。

18 背景插入影像

視覺效果中插入一張影像 (相片；圖片) 當做背景時，卻發現圖片花花綠綠的內容反而干擾到主要的資料數據，這時候可以藉由提高透明度，淡化背景圖片。

Step 1 加入背景影像

1 選取視覺效果物件。

2 於 **視覺效果** 窗格選按 🖌。

3 選按 **視覺效果** 標籤。

4 選按 **繪圖區背景** 區段。

5 選按 **新增影像**。

6 進入圖片儲存路徑，選取要加入的圖片檔。

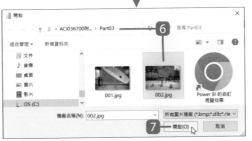

7 選按 **開啟** 鈕。

Step 2 調整背景影像格式

1 圖片加入後，選按 **圖片最適大小** 依圖片狀況選擇合適的填入效果。

2 於 **透明度** 輸入合適的值，讓背景圖片不至於太搶眼，而影響視覺效果資料分析。

19 背景、邊框與陰影設計

視覺效果圖表預設是透明背景與無邊框設計，可以藉由以下方式填滿指定色彩並加上邊框與陰影。

Step 1 加上背景色彩

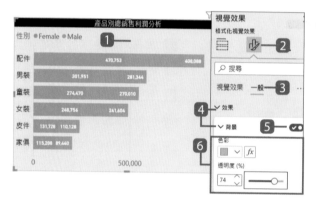

1. 選取視覺效果物件。
2. 於 **視覺效果** 窗格選按 ⬇。
3. 選按 **一般** 標籤。
4. 選按 **效果 \ 背景** 區段。
5. **背景** 區段右側選按 ⬛，切換為 ⬛。
6. **色彩** 選按色塊，選擇合適的色彩套用，也可再於 **透明度** 調整背景色透明度。

Step 2 加上邊框與陰影

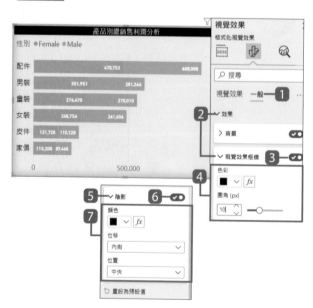

1. 同樣於 **一般** 標籤。
2. 選按 **效果 \ 視覺效果框線** 區段。
3. **視覺效果框線** 區段右側選按 ⬛，切換為 ⬛。
4. **色彩** 與 **圓角** 指定邊框相關格式。(取消選取視覺效果物件即可看到邊框)
5. 選按 **效果 \ 陰影** 區段。
6. **陰影** 區段右側選按 ⬛，切換為 ⬛。
7. **顏色、位移** 與 **位置** 指定陰影相關格式。

20 加上圖案形狀、文字方塊和影像的設計

頁面中除了呈現資料數據產生的視覺效果，還可以加入文字方塊、影像和圖案形狀，加強整體視覺化設計與說明。

Step 1 加入圖案

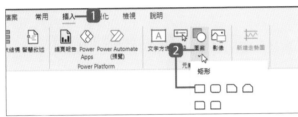

1 選按 **插入** 索引標籤。

2 選按 **圖案**，於清單中選按合適的圖案加入工作表 (在此加入 **矩形**)。

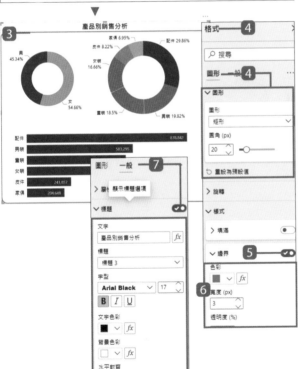

3 同視覺效果物件調整位置與大小的方式，拖曳圖案物件至合適的位置擺放，並調整大小。

4 **格式** 窗格選按 **圖形 \ 圖形** 區段，可調整圖形形狀與圓角。

5 **邊界** 區段右側選按 ⊡，切換為 ⟪⟫。

6 選按 **邊界** 區段，可調整線條格式

7 **格式** 窗格選按 **一般 \ 標題** 區段右側選按 ⊡，切換為 ⟪⟫，可指定標題文字與調整格式。

(接著再依喜好於 **格式化圖案** 窗格為圖案物件調整背景、旋轉...等相關格式。)

設計好圖案物件，於工作區空白處點一下即可瀏覽完成效果。(如果要再調整相關視覺效果物件與圖案物件的位置，發現選不到視覺效果物件，這是因為此範例中的圖案物件是最後加上，會擺放於視覺效果物件上方，需要調整物件項目的圖層順序，可參考下一個技巧的說明。)

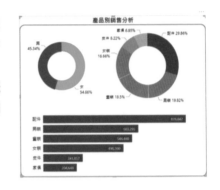

Step 2 **加上影像**

工作區中也可以加入圖片、相片影像，讓報表的視覺化呈現更具主題特色。

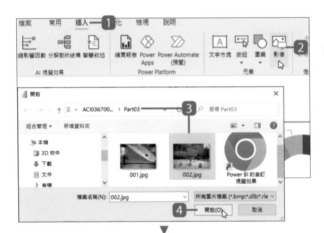

1 選按 **插入** 索引標籤。

2 選按 **影像**。

3 進入圖片儲存路徑，選取該圖片檔。

4 選按 **開啟** 鈕。

5 同視覺效果物件調整位置與大小的方式，拖曳影像物件至合適的位置擺放，並調整大小。

6 於 **格式** 窗格 **影像** 與 **一般** 標籤，依喜好為影像物件調整縮放比例、標題、背景、框線...等相關格式。)

Step 3 加上文字方塊與超連結

文字方塊可為整頁內容增添說明文字,例如:大型標題、公司名稱、網址 URL 或一段簡短的資訊說明。

1 選按 **插入** 索引標籤。

2 選按 **文字方塊**。

3 於文字方塊內按一下滑鼠左鍵即可輸入文字。

4 選取輸入的文字,於工具列調整字型、文字大小、色彩、加粗...等。

(右側 **格式** 窗格可調整該物件的標題、背景、邊界...等格式)

5 輸入網址後,若希望發佈到網頁後可直接點選開啟,可選取該段網址,再選按工具列 鈕。

6 於工具列確認網址後,選按 **完成** 即可。

21 調整物件的上、下排列順序

工作區頁面上有許多物件且重疊擺放時，常會因為加入的先後順序，使得一開始加入的物件被後來加入的物件壓在下方而無法選用，只要調整物件的排列順序即可解決這個問題。

Step 1 調整物件排列順序

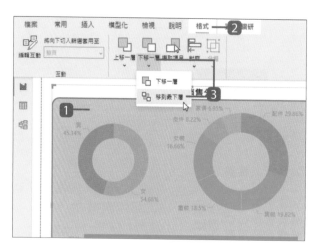

1 選取要調整的物件。

2 選按 **格式** 索引標籤。

3 若要將該物件移至重疊物件的下方，選按 **下移一層**，再於清單中選按合適的效果。

若要將該物件移至重疊物件的上方，選按 **上移一層**，再於清單中選按合適的效果。

Step 2 瀏覽調整後結果

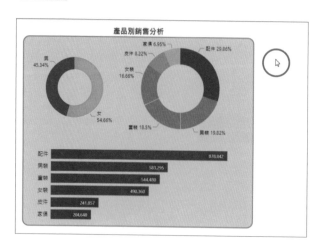

◀ 當選取重疊擺放的任一物件，該物件會立即呈現在最上層等待編輯。若想看到重疊物件實際呈現方式時，需在頁面空白處按一下滑鼠左鍵，取消物件選取，這時重疊區的物件即會依圖層先後順序呈現。

22 調整頁面大小、格式和檢視模式

Power BI Desktop 工作區的頁面預設為 16:9 比例、白色、名稱 "第1頁"，這些頁面資訊與格式均可依報告內容適當的調整，檢視模式也可因應習慣調整為：縮放到一頁內瀏覽、以實際大小瀏覽...等。

Step 1 頁面資訊、大小與背景設定

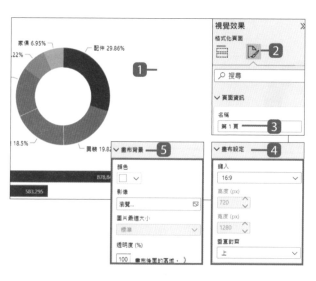

1 在頁面空白處按一下滑鼠左鍵，確定未選取任何頁面上的物件。

2 於 **視覺效果** 窗格選按 。

3 選按 **頁面資訊** 區段，可以調整頁面名稱。

4 選按 **畫布設定** 區段，可以調整頁面類型或自訂頁面的寬高。

5 選按 **畫布背景** 區段，可以調整頁面背景及透明度。

Step 2 切換檢視模式

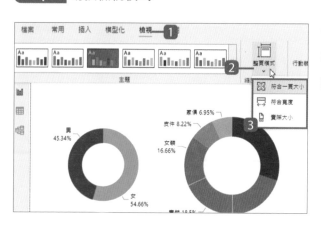

1 選按 **檢視** 索引標籤。

2 選按 **整頁模式**。

3 選按合適的檢視模式：

符合一頁大小：縮放內容到符合頁面大小 (寬、高)。

符合寬度：縮放內容至頁面的寬度。

實際大小：以全尺寸顯示內容。

23 放大檢視個別視覺效果

頁面中擺放了多個視覺效果，當需要放大檢視視覺效果以方便調整或報告時，除了前面說明的檢視模式切換，還可以切換至 **焦點模式**。

Step 1 進入焦點模式

進入焦點模式可以將該視覺效果物件展開填滿整個檢視頁面。

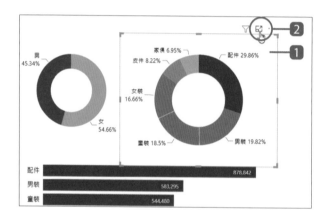

❶ 選取要放大檢視的視覺效果物件。

❷ 選按右上角 ⊡ 進入 **焦點模式**。

Step 2 返回報表

於焦點模式中仍然可以透過右側的 **視覺效果**、**欄位** 窗格進行視覺效果的調整，若要返回報表中，只要選按左上角 **回到報表** 即可。

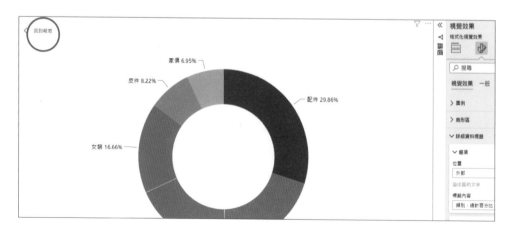

24 編輯視覺效果的互動方式

Power BI 報表單一頁面上可以擺放多個視覺效果，圖表間的項目如果有相關聯，即可產生視覺效果上的互動。

Step 1 將滑鼠指標停留在視覺項目以便查看詳細資訊

只要將滑鼠指標停留在視覺效果的視覺項目上，即會自動顯示詳細資料，以方便了解相對應的資料數據內容。

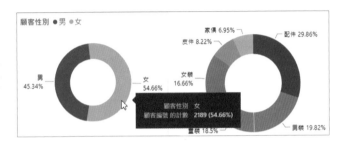

Step 2 互動式視覺效果

視覺效果可指定醒目呈現的項目或與圖例項目互動。

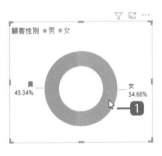

1 選按要指定醒目呈現的資料數列，其他資料數列會呈半透明狀。

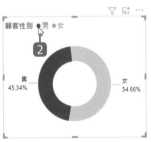

2 選按圖例上任一項目，視覺效果中僅會呈現該項目相關的資料數列，其他資料數列會呈半透明狀。

3 若要恢復所有資料項目的呈現，只要再選按一次剛才指定的項目即可取消指定。

多個視覺效果的互動式視覺效果

同一個報表頁面上，若有多個以相同或關聯性資料表產生的視覺效果時，彼此間擁有相互關聯的特性，選取任一個資料數列，其他資料數列會呈半透明狀，這是預設的 **醒目提示** 互動方式。

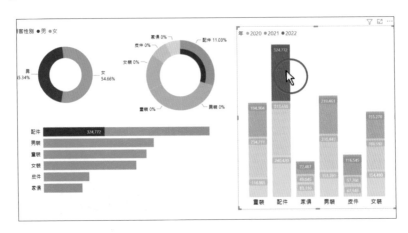

變更視覺效果的互動方式

但若想隱藏非指定的項目讓重點更清楚呈現時，可如下調整視覺效果的互動方式。

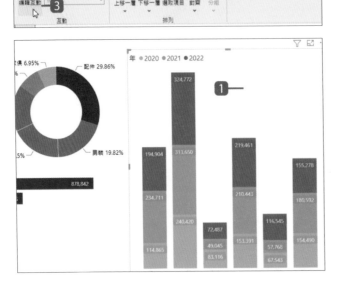

1️⃣ 選取頁面上視覺效果互動時 "主要" 的視覺效果物件。

2️⃣ 選按 **格式** 索引標籤。

3️⃣ 選按 **編輯互動**。

4 進入編輯互動模式，除了選取的視覺效果物件，其他視覺效果物件右上方會出現 ⎍、⎍、⦸ 三個小圖示，預設是以 ⎍ **醒目提示** 效果呈現。選按小圖示可指定要呈現的互動方式。

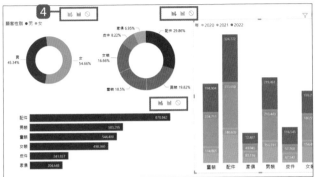

⎍ **篩選** 互動方式：選按任一資料項目時，其他項目是隱藏的。

⎍ **醒目提示** 互動方式：選按任一資料項目時，其他項目會呈半透明狀。

⦸ **無** 互動方式：不與其他視覺效果產生互動。

5 完成互動方式指定，可以選按主要視覺效果上的資料數列 (按 Ctrl 鍵可以多選)，其他視覺效果即會依剛才指定的互動方式呈現。

6 確認互動方式並完成調整後，選按 **格式** 索引標籤 \ **編輯互動**，回到一般編輯模式。

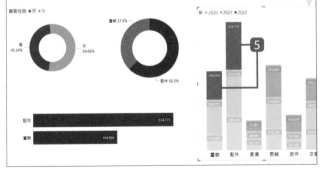

視覺效果物件間的互動方式調整好後，回到一般編輯模式即會依指定的方式互動，如果要再次變更，只要再次進入編輯互動模式調整即可。

(另外也可使用交叉分析篩選器指定呈現特定項目，可參考 P89 技巧的說明)

25 整齊地排列報表上的物件

格線與貼齊格線可幫助你快速排列視覺效果圖表物件，讓報表看起來整齊且間距相等。

Step 1 依格線貼齊排列

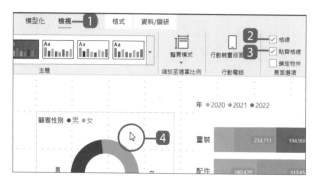

1 選按 **檢視** 索引標籤。

2 核選 **格線**，頁面上會出現虛點的格線。

3 再核選 **貼齊格線**。

4 這時選取頁面上任一物件拖曳移動，可依循格線排列，物件靠近格線時會被吸過去貼齊。

Step 2 對齊物件、對齊頁面

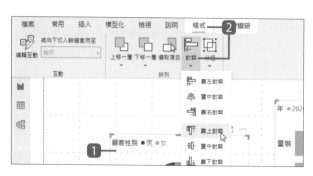

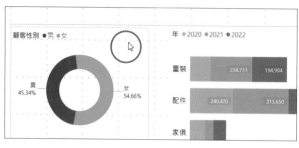

1 選取頁面上要對齊的物件。(只選取一個物件則會依指定對齊方式對齊頁面，若選取多個物件則是為物件間的對齊) (按 **Ctrl** 鍵不放可以選取多個物件)

2 選按 **格式** 索引標籤 \ **對齊**，於清單中選擇合適的對齊方式。

◀ 另外，移動物件時若感應到其他物件，會自動產生紅色對齊線，方便物件間的對齊。

26 交叉分析篩選器的應用

交叉分析篩選器可以指定想要瀏覽的項目，讓報表中的視覺效果依其篩選並顯示，快速又簡單的聚焦主題。(日期相關的交叉分析篩選器可參考 Part 5 說明)

Step 1 建立交叉分析篩選器

頁面中已建立了各產品類別總利潤及顧客性別分析視覺效果，現在要建立 **產品類別** 交叉分析篩選器，讓報表在瀏覽過程可以隨時呈現特定類別相關數據。

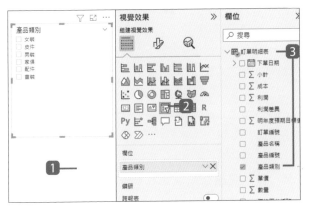

1 於頁面空白處按一下。

2 **視覺效果** 窗格選按 交叉分析篩選器。

3 **欄位** 窗格選按 **訂單明細表** 資料表開啟欄位明細，再核選 **產品類別** 項目。

Step 2 設定格式、"單選" 與 "多選"

交叉分析篩選器物件的格式設定與其他視覺效果相似，只要選取該物件再於 **視覺效果** 窗格設定即可。

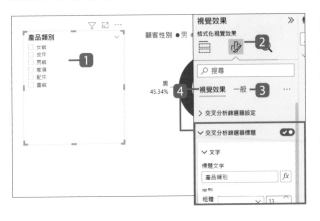

1 選取交叉分析篩選器物件。

2 於 **視覺效果** 窗格選按。

3 選按 **一般** 標籤，可設定外框色彩與寬度，以及方向、位置...等。

4 選按 **視覺效果** 標籤＼**交叉分析篩選器標題** 區段，可設定標題字型色彩、背景、外框與文字大小格式。

5 選按 **視覺效果** 標籤 \ **交叉分析篩選器設定** 區段，關閉 **單一選取**、**以 CTRL 進行多重選取**，能藉由滑鼠選按多個項目。

開啟 **全選**，則會於交叉分析篩選器中多一個 "全選" 項目。

6 選按 **值** 區段，可設定項目字型色彩、背景、外框與文字大小格式。

7 最後調整交叉分析篩選器物件的寬、高與位置。

Step 3 建立搜尋列

為交叉分析篩選器建立一個搜尋列，輸入關鍵字可快速找到需要的項目。

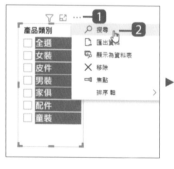 

1 於交叉分析篩選器物件，選按右上角 ⋯。

2 選按 **搜尋**，會在標題下方產生搜尋列。

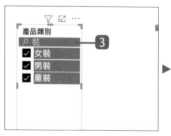 

3 搜尋列中輸入關鍵字，會依關鍵字顯示項目，再核選需要的項目。

4 選按 ⬨ 可清除被選取的項目。

交叉分析篩選器物件的呈現方式，除了預設的 **清單** 模式，還可以調整為 **下拉式清單** 模式，讓交叉分析篩選器中的項目整理在下拉式清單中。

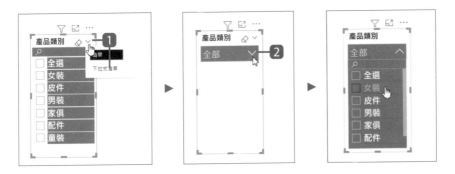

① 於交叉分析篩選器物件，選按右上角 ⌄ \ **下拉式清單**。(若交叉分析篩選器中是日期屬性的資料欄位則無法以 **下拉式清單** 模式呈現，所以不會有 ⌄ 鈕。)

② 這時項目會隱藏只呈現 **全部**，按下 **全部** 即會出現所有項目。

Step 5 調整為方塊選項鈕

報表中，交叉分析篩選器的項目也可以變化為方塊式按鈕。

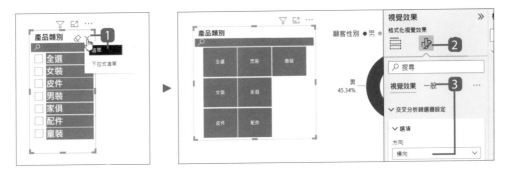

① 於交叉分析篩選器物件，選按右上角 ⌄ \ **清單**。

② 於 **視覺效果** 窗格選按 ✍。

③ 選按 **視覺效果** 標籤 \ **交叉分析篩選器設定** 區段，指定 **選項** \ **方向：橫向**。

在報表中使用交叉分析篩選器

選按交叉分析篩選器中的項目,同一頁面視覺效果資料數列均會一起互動。

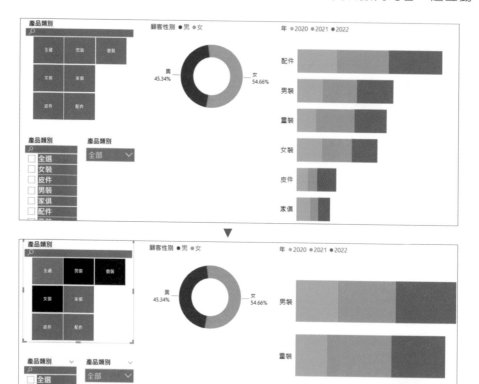

▲ 選按女裝、男裝、童裝產品類別,可看到該頁面各視覺效果僅顯示相關產品
類別的資料數列,或篩選為相關的值呈現。

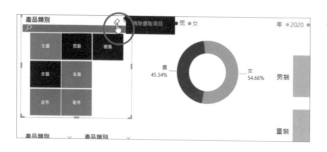

◀ 再按一次目前已選按或核
選的項目可清除選取。也
可以直接選按交叉分析篩
選器右上角的 ◈ 一次清
除所有選取項目。

27 下載更多視覺效果

除了套用 **視覺效果** 窗格中提供的多種類別，還可以匯入 **Power BI 視覺效果** 市集提供的多款視覺效果，這些視覺效果可以免費下載並搭配 Power BI Desktop 或 Power BI 雲端平台進行報表建立。

Step 1 從 "**Power BI 視覺效果**" 市集匯入

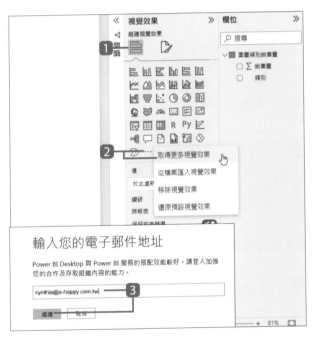

1️⃣ 於 **視覺效果** 窗格 標籤。

2️⃣ 選按 ⋯ \ **取得更多視覺效果**。

3️⃣ 輸入 Power BI 帳號，再選按 **登入**。(如果還沒申請 Power BI 帳號可以參考 Part 08 說明)

4️⃣ 會開啟 **Power BI 視覺效果** 視窗，可由此選擇主題後新增合適的圖表視覺效果到檔案中。

Step 2 用關鍵字快速搜尋到更多視覺效果 - Word Cloud

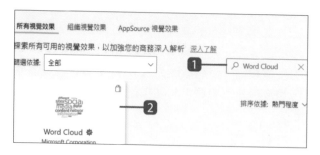

1. 於 **Power BI 視覺效果** 視窗搜尋列，輸入視覺效果項目關鍵字，此例輸入：「Word Cloud」。

2. 選按視覺效果縮圖進入詳細頁面瀏覽說明與效果。

3. 選按 **新增** 將此視覺效果匯入目前檔案中。

4. 再選按 **確定**。

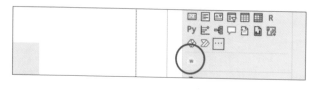

◀ 回到 **視覺效果** 窗格會看到匯入的視覺效果。

Step 3 用關鍵字快速搜尋到更多視覺效果 - infographic

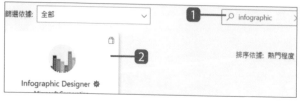

1. 於 **Power BI 視覺效果** 視窗搜尋列，輸入視覺效果項目關鍵字，此例輸入：「infographic」。

2. 選按視覺效果縮圖進入詳細頁面瀏覽說明與效果。

3. 選按 **新增** 將此視覺效果匯入目前檔案中。

4. 再選按 **確定**。

範例匯入的 **Word Cloud** 自訂視覺效果也稱文字雲效果,是將大量文字中的關鍵字重覆出現次數,以不同的字體大小、顏色、角度與位置拼湊在一起呈現。常用於分析社群網站、市場目標、產品推廣...等主題,透過字體大小反應出相對的數據量,數據越大在文字雲中的字體越大,能夠一眼看出最重要的主題。

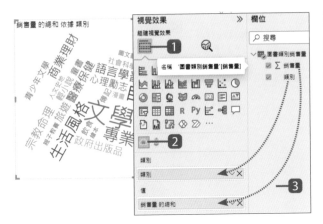

1 於 **視覺效果** 窗格選按圖。

2 選按 WordCloud。

3 配置欄位:
類別 欄配置 **類別** 欄。
值 欄配置 **銷售量** 欄位。

4 於 **視覺效果** 窗格選按調整格式:

一般 區段,**Minimum number of repetitions to display** 是指定可重複項目。

字型大小下限、**字型大小上限**,是指定最小字體、最大字體。

資料色彩 區段,可調整各文字項目的色彩。

旋轉文字 區段,可指定文字項目是否要旋轉,最小、最大旋轉角度以及方向。(若不想旋轉則可關閉該區段)

套用 Infographic Designer 視覺效果

範例中匯入的 **Infographic Designer** 視覺效果,是依直條圖、橫條圖轉變而成,用圖示的數量呈現數據相對的大小,這個視覺效果內建了很多圖示,可以直接選用,也可以使用自己製作的圖片,文字...等顯示。

❶ 於 **視覺效果** 窗格選按 📊 。

❷ 選按 👤 **Infographic Designer**。

❸ 配置欄位:
   category 欄配置 **類別** 欄位。
   Measure 欄配置 **銷售量** 欄位。

❹ 於 **篩選** 窗格,在此設定 **銷售量**、**大於**、**4000**,再選按 **套用篩選**。

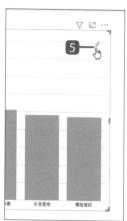  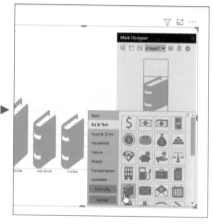

❺ 選按該視覺效果物件右上角的 ✏️ ,開啟設定。

❻ 設定面板中七個功能按鈕分別是:**形狀**、**文字**、**圖片**、**圖示**、**圖層**、**刪除**、**設定** (設定中可調整顏色),選按 **shape01**。

❼ 選按 **Shape**,會開啟內建的圖示庫,可從其中選按合適的主題再選按圖示,再設定上相關屬性即可。

資料整理與清理術
Power Query

此單元應用 Power BI 的 Power Query 編輯器快速整理
並剔除錯誤資料，篩選出有用的資料，為你輕鬆把關大量
且多元化取得的資料數據。

1 有正確的資料才能產生正確的結論

建立視覺效果數據分析前，需要先檢查每一筆資料記錄與數據的完整性、正確性和是否有意義。

Power BI 可以取得的資料來源繁多且多元化，Excel 活頁簿、CSV 文字檔、各式資料庫、線上服務、Web 即時資料...等，然而不同資料來源取得的數據報表多多少少會有一些狀況，例如：格式錯誤、數值欄位內有文字資料、金額欄位不該有小數點、唯一且不能重複的資料卻重複出現、資料記錄中有空白的欄列或缺失、地址資料不一致（一下有縣市、一下沒有）、日期資料年份輸入錯誤...等。

另外也有因為取得所謂的 "客製化" 報表，有著公司 LOGO 與表頭設計、各單位簽章、記錄間穿插了小計運算、資料記錄最後還有備註補充說明...等，這樣的報表資料本身沒問題，但若匯入 Power BI 中則會無法取得正確的資料進行數據分析與視覺化。

以下二項建議可以讓你輕鬆擁有一份標準的資料表：

1. 事先做好資料的規範和把關

如果是由自己或團隊著手建立資料，建議先做好資料的規範和把關，輸入資料時就為列表方式、資料類型、欄位名稱及內容訂定格式規範。(Excel **資料驗證** 功能可於輸入資料的過程偵測錯誤、即時發出警告訊息，立即發現並修正，可以參考附錄內容相關說明。)

2. 有效率的檢查與調整報表

如果取得的資料已是一份客製化報表，前面提到的問題都發生了，那該怎麼辦呢？參考此單元的說明，應用 Power BI 的 **Power Query** 編輯器快速整理與正規化並剔除錯誤資料。(若想要了解藉由 Excle 整理與清理資料的操作方法，可以參考附錄內容相關說明。)

2　認識 Power Query 編輯器

"資料" 是 Power BI 視覺化的基礎，許多著手學習數據分析的學員們常會有以下這些苦惱：

Q 手邊拿到的報表資料是分散的，每月銷售報表都以月命名，建立在個別 Excel 檔案或個別工作表中。當每個月拿到新的資料時就必需一一開啟，再複製貼上到之前已依序整理好的報表檔中，整合成一份有連續性的資料報表，重覆相同操作不但耗時也容易出錯。

Q 資料來源是各式線上服務或資料庫端，無法直接開啟編修有問題的資料。

Q 資料是由多個單位分別整理，匯總時發現同樣的資料欄位，欄位名稱命名方式不同，資料型態不一致，還有一些錯誤值....。

資料載入 Power BI Desktop 第一個環節，Power BI 會先透過整理資料的 M 語言初步記錄與定義資料型態。M 語言是一個專門用於整理資料的強大語言，如果您還不熟悉其操作，可先可使用 **Power Query 編輯器** 所提供的功能套用與設定，輕鬆解決令人苦惱的資料問題與結構。

Power Query 編輯器 可增減欄位、更名、排序、取代、分割、反轉、轉換、合併資料...等，還可以調整資料結構以符合分析所需條件項目。**Power Query 編輯器** 更具特色的功能即是會記錄從資料載入至整理後每一個操作與設定步驟，當資料後續有更新、合併...等異動時，不需再花時間整理新增的資料，會自動套用所有記錄的步驟，快速呈現整理後的資料內容。

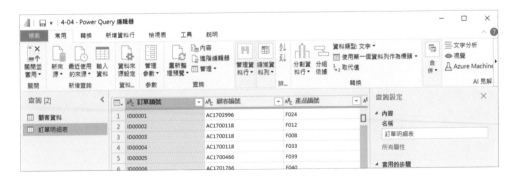

3 用 Power Query 編輯器或 Excel？

資料整理與清理，可以利用 Power BI 的 Power Query 編輯器與 Excel 快速整理與正規化資料內容，然而用哪個方法比較好呢？

其實各有其優勢，主要仍取決於資料形態與使用習慣。資料數據檔案若能於 Excel 中開啟，對初學者而言，可先藉由 Excel 排除問題。然而，資料數據檔案無法於 Excel 開啟時，就一定得先載入 Power BI Desktop 直接使用 Power Query 編輯器處理。

下表為常見的資料整理與清理項目，分別針對 Power BI 的 Power Query 編輯器與 Excel 是否可處理列表：

	Power BI Power Query 編輯器	Excel
重覆、缺失資料的修正與調整	✓	✓
移除不需要的欄、列	✓	✓
移除資料中多餘空白	✓	✓
統一英文字母大、小寫	✓	✓
統一全型、半型	✓	✓
向下補齊缺失資料	✓	✓
分割 (拆分) 大量資料數據	✓	✓
建立條件式資料行	建立條件資料行，不需公式即可直接設定條件，資料量龐大時用此方式運算較為迅速。	建立新欄位，使用函數 (例如：Vlookup 或 IF) 取得需要的資料內容。
轉換資料結構	✓	需使用 Excel Power Query
附加 (縱向)、合併 (橫向) 查詢多份報表資料	✓	需使用 Excel Power Query

4 進入 Power Query 編輯器

將資料載入 Power BI Desktop 後，可以使用 **Power Query 編輯器** 整理：類型指定、分割和重新命名資料行、日期時間資料轉換...等動作。

選按 **常用** 索引標籤 \ **轉換資料** \ **轉換資料** 進入 **Power Query** 編輯器：

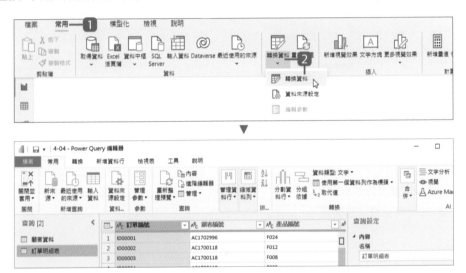

(使用本書範例檔案練習前，請先下載本書範例檔並解壓縮，將 <ACI036700附書範例> 資料夾存放於電腦本機 C 槽根目錄，這樣才能正確連結並開啟範例檔。)

TIPS

取得資料時直接進入 "Power Query 編輯器"

取得資料時，最後一個畫面如果選按 **轉換資料** 鈕，也可直接進入 **Power Query** 編輯器。

---

5 Power Query 編輯器介面環境

Power Query 編輯器 中可瀏覽目前已取得的資料內容，並可針對需求進行資料的整理和轉換。首先來認識介面環境：

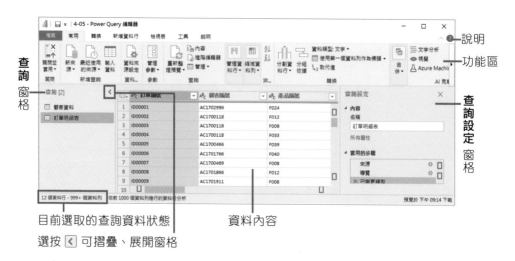

目前選取的查詢資料狀態

選按 **<** 可摺疊、展開窗格

資料內容

功能區

由 **常用**、**轉換**、**新增資料行**、**檢視表**、**說明** 五個索引標籤組成，有許多功能按鈕可以與查詢資料互動。

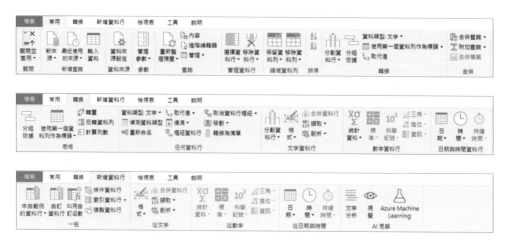

左窗格 \ 查詢 窗格

顯示目前已取得的查詢資料項目；選取任一查詢時，其資料會顯示在中央窗格中。

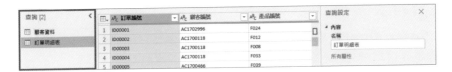

中央資料 窗格

顯示查詢資料的內容；於資料行標頭上按一下滑鼠右鍵，快選功能表中可選按資料要套用的功能。

右窗格 \ 查詢設定 窗格

顯示並可更改此查詢的名稱；**套用的步驟** 清單中則會顯示此查詢資料所有套用的步驟，可以視需要重新命名步驟、刪除步驟或調整步驟順序。

6 資料的基本處理技巧

示範於 **Power Query 編輯器** 資料清理的基本處理，包括：變更資料表名稱、複製資料表 (行)、變更資料行標頭名稱、移除不需要的資料行(列)...等操作。

變更資料表名稱

進入 **Power Query 編輯器**，左側 **查詢** 窗格中是目前已載入的資料表名稱，也可變更為容易辨識的名稱，方便後續設計視覺效果時選用。

1 於 **查詢** 窗格選按要變更名稱的資料表項目。

2 於 **查詢設定** 窗格 **名稱** 欄位輸入新的資料表名稱後，按 `Enter` 鍵，完成變更。

複製、刪除資料表

想要大動作整理與修正，又想保留原有資料表結構時，於左側 **查詢** 窗格資料表名稱上按一下滑鼠右鍵，選按 **重複**，可複製出一模一樣的查詢資料表；選按 **刪除**，可刪除不需要的資料表。

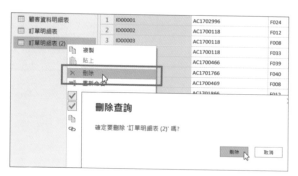

區別資料行、資料列

Excel 工作表中直為 **欄**、橫為 **列**，然而在 **Power Query 編輯器** 中直為 **資料行**、橫為 **資料列**，這是二套應用程式不太相同的部分。要更進一步的編輯資料前，這是必須了解的基本觀念。

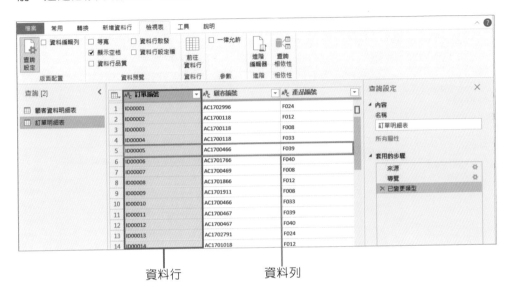

資料行　　　　　　　資料列

移除不需要的資料列

覺得有部分資料列不需要，可以將該資料列移除。移除資料列常用的方式：指定頂端或底端要移除的列數。

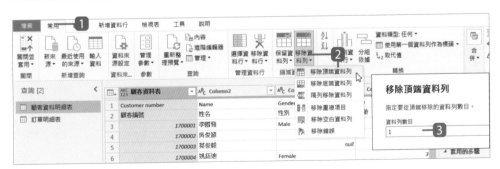

1 選按 **常用** 索引標籤。

2 選按 **移除資料列 \ 移除頂端資料列**。

3 輸入要刪除的資料列數，選按 **確定** 鈕。

指定第一列為資料行標頭

取得的資料若無法判別第一列的內容是標頭時，會以 "Column" 加上流水號自動命名，這時可以手動指定第一個資料列作為標頭。

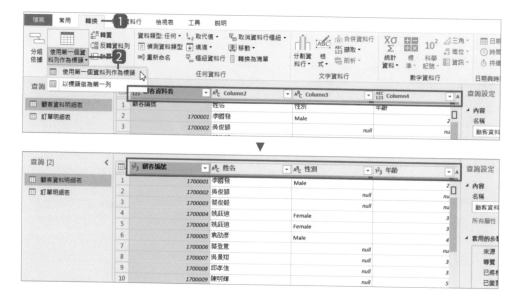

1️⃣ 選按 **轉換** 索引標籤。

2️⃣ 選按 **使用第一個資料列做為標頭 \ 使用第一個資料列做為標頭**，指定第一個資料列做為標頭。

變更資料行標頭名稱

調整資料行的標頭名稱，方便視覺化設計時快速找到需要的欄位。

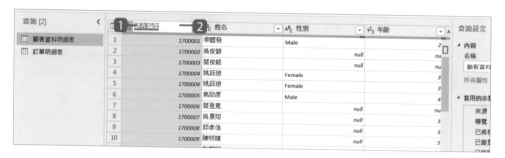

1️⃣ 於要變更的標頭上連按二下滑鼠左鍵。

2️⃣ 輸入新的標頭名稱後，按 Enter 鍵完成變更。

複製資料行

複製資料行 功能可以複製所選資料行。

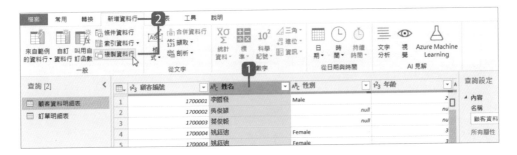

1 選按要複製的資料行。

2 選按 **新增資料行** 索引標籤 \ **複製資料行**。(複製產生的資料行會出現在該資料表最右側)

移除不需要的資料行

覺得有部分資料行不需要,可以將該資料行移除。移除資料行常用的方式:選取資料行直接移除,或移除非選取的其他資料行。

移除指定資料行

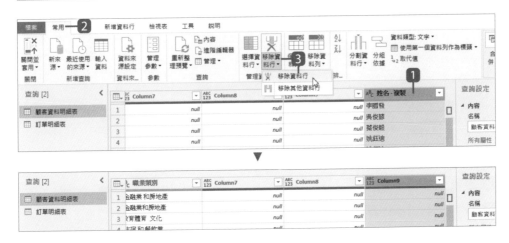

1 選按想移除的資料行 (可按 `Ctrl` 鍵多選)。

2 選按 **常用** 索引標籤。

3 選按 **移除資料行** \ **移除資料行**,即移除目前選定的資料行。

移除其他資料行

1️⃣ 選按想保留的資料行 (可按 Ctrl 鍵多選)。

2️⃣ 選按 **常用** 索引標籤。

3️⃣ 選按 **移除資料行 \ 移除其他資料行** 則會移除非選取的資料行。

一次移除多個資料行

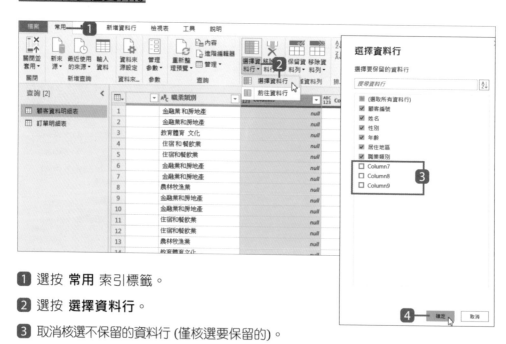

1️⃣ 選按 **常用** 索引標籤。

2️⃣ 選按 **選擇資料行**。

3️⃣ 取消核選不保留的資料行 (僅核選要保留的)。

4️⃣ 選按 **確定** 鈕，即刪除取消核選的資料行。

更多資料行的調整

在 **Power Query 編輯器** 想要執行更多調整資料行相關編輯功能，只要於任一資料行標頭上按一下滑鼠右鍵，透過快選功能表選按合適功能套用。

資料重新整理

為確保取得最新的資料內容，可以選按 **重新整理預覽**，要求即時更新資料。

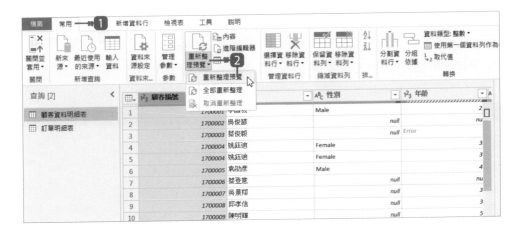

1️⃣ 選按 **常用** 索引標籤。

2️⃣ 選按 **重新整理預覽 \ 重新整理預覽**，會更新目前作用中資料表。(若選按 **重新整理預覽 \ 全部重新整理**，會更新此份檔案內所有資料表)

套用調整步驟 / 回到主畫面

於 **Power Query 編輯器** 整理與清理資料數據後，要記得套用編輯器調整結果，這樣回到 Power BI Desktop 中才能以調整好的資料表內容進行視覺效果的設計。

1 選按 **常用** 索引標籤。

2 選按 **關閉並套用 \ 關閉並套用**。

▲ 套用 **Power Query 編輯器** 的查詢調整，回到 Power BI Desktop 主畫面。

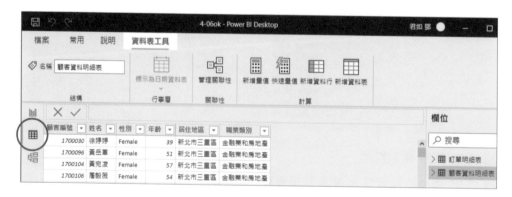

▲ 可切換至 ▦ **資料** 檢視模式，檢視調整後的資料表內容

7 資料內容轉換與修正

Power BI Desktop 可連結或取得許多不同格式的資料來源，也會出現多種資料問題，例如：格式、結構、空白、空值、缺失...等，雖然可回到原程式處理資料(例如 Excel)，但每次新增資料又得重複同樣的操作，十分耗時費力。

你可以在 **Power Query 編輯器** 直接修正與轉換資料，如此一來會記錄下所有操作步驟，待後續該資料表取得新資料時會即自動套用並修正。

偵測資料類型

Power BI 取得資料後，會自動定義成最合適的資料類型，例如，資料行內是數值資料但沒有小數值，會將該資料行定義為 **整數** 資料類型。如果自動定義的資料類型不合適，需要再手動調整時，可以先使用 **偵測資料類型** 功能再次自動識別與定義。

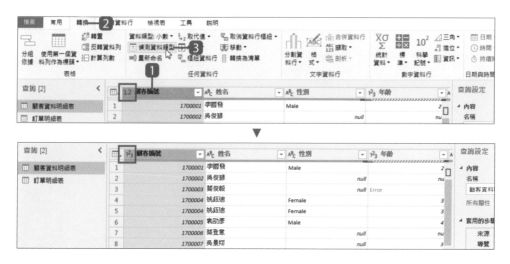

1 選按要偵測資料類型的資料行。

2 選按 **轉換** 索引標籤。

3 選按 **偵測資料類型** (會針對此資料行再次判斷並套用其合適的資料類型)。

變更資料類型

常用的資料類型有小數、整數、日期、文字...等，必須先了解各資料行內的資料特性，再檢查或選擇適當類型，後續在取用資料內容時才能呈現出該類型專屬的功能。資料整理、清理的過程中，內容有所變化 Power BI 也會自動調整資料類型，例如：顧客編號由 "17001" 修改成 "AC17001"，即會由 **整數** 資料類型變成 **文字** 類型，當然也可以手動調整。

資料類型	說明
數字	**小數**：最常見的數字類型，可以顯示長度最多為 15 位數，小數分隔符號可出現在數字中的任何位置。 **位數固定的小數**：小數分隔符號的位置固定，小數分隔符號右邊一律為 4 位數，並允許 19 位數的有效位數。 **整數**：整數值 (因此右邊沒有小數位數)，最多允許 19 位數。 **百分比**：若原來值是 0.3 會轉換為 30%。
日期/時間	**日期/時間**：例如：2022/5/30 上午 12:00:00。 **日期**：例如：2022/5/30。 **時間**：例如：上午 12:00:00 (AM/PM hh:nn:ss)。 **日期/時間/時區**：例如：2022/5/30 上午 12:00:00 +08:00。 **持續時間**：代表時間長度，會轉換成 **十進位數字** 類型，可進行加減以得到正確的結果。
文字	可以是字串或數字，或以文字格式表示的日期，最大字串長度為 268,435,456 個字元或 536,870,912 個位元組。
True/False	True 或 False 布林值。

每個資料行的資料類型代表圖示

1 選按想調整資料類型的資料行。

2 選按 **轉換** 索引標籤。

3 **資料類型** 可看到目前套用的類型，選按合適類型。

4 選按 **取代現有** 會直接套用指定類型，選按 **新增步驟** 會套用指定類型並於右側 **套用的步驟** 產生一項步驟記錄。

▲ 於資料行標頭，選按其右側資料類型代表圖示，清單中會看到所有資料類型，可直接選按合適的套用。

統一英文字母大、小寫

一樣的英文字母但大、小寫不一樣，例如：Male、male，Power BI 會視為不同的項目，透過 **格式** 內的功能可以統一所選資料行內英文字母大、小寫。

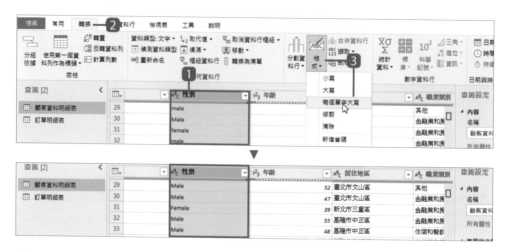

1 選按想調整字母大、小寫的資料行。

2 選按 **轉換** 索引標籤。

3 選按 **格式**，清單中選擇：**小寫**、**大寫** 或 **每個單字大小** 套用。

移除資料前、後空白

資料前、後多了空白，例如：" 餐飲業"、"餐飲業 "，Power BI 會視為不同的項目，透過 **格式** 內的功能可以移除所選資料行資料開頭與結尾的空白。

1 選按想移除資料前、後空白的資料行。

2 選按 **轉換** 索引標籤。

3 選按 **格式 \ 修剪**，完成該資料行資料前、後空白的移除。

移除資料中所有空白

資料中多了空白，例如："餐飲業"、"餐 飲業"，Power BI 會視為不同的項目，用
取代值 可以移除所選資料行資料中所有空白。

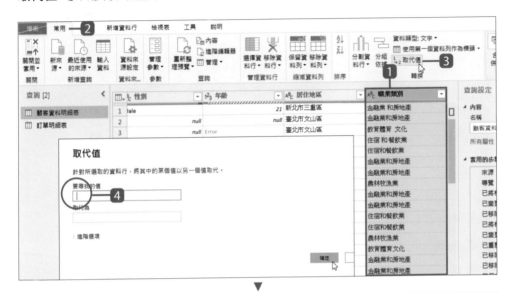

▼

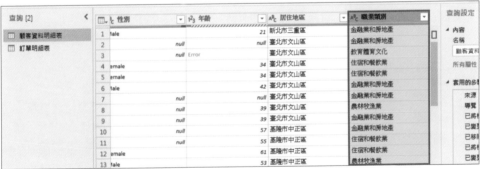

1️⃣ 選按想移除資料中空白的資料行。

2️⃣ 選按 **常用** 索引標籤

3️⃣ 選按 **取代值**。

4️⃣ 於 **要尋找的值** 欄位中輸一個空白，其他不設定，直接選按 **確定** 鈕，完成該
資料行內多餘空白的移除。

移除有 "..."、"error" 或 "(待填補)" 不正確資料的資料列

不正確的資料，可以篩選過濾，或使用 **移除錯誤** 功能修正。

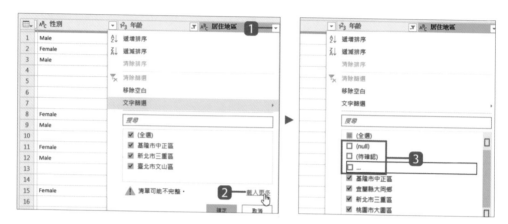

1 於要檢查的資料行標頭 (此範例檢查 **居住地區**)，選按右側 ⊡ 鈕。

2 選按 **載入更多**，可以看到完整的資料項目。

3 取消核選不合適的資料項目，如上圖為 **(null)**、**...** 、**(待確認)** 三個項目，再選按 **確定** 鈕，可以於資料內容篩選掉有這三個項目的資料記錄。(依相同的方式，檢查並修正 **職業類別** 中的資料。)

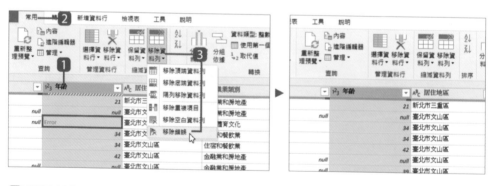

1 選按想修正資料的資料行。

2 選按 **常用** 索引標籤。

3 選按 **移除資料列 \ 移除錯誤**。

移除有空值 (null) 的資料列

資料中若有缺失資料 (沒有填入資料)，會以 "null" 呈現，這樣的資料記錄無法正確的呈現視覺化效果，可以使用 **篩選** 功能過濾。

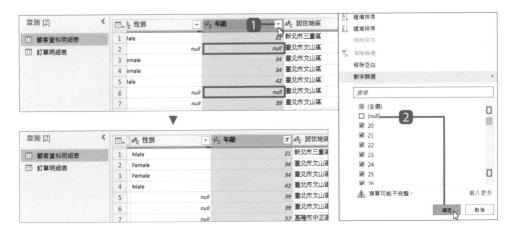

1️⃣ 於有空值 (null) 的資料行標頭，選按右側 ⏷ 鈕。

2️⃣ 取消核選 **(null)** 再選按 **確定** 鈕 (或直接選按 **移除空白**)。

移除重複項目的資料列

有些資料行內資料的值必須是唯一、不可重複的，例如：顧客編號、訂單編號、身份證、借書證...等，可以使用 **移除重複項目** 功能移除重複資料。

1️⃣ 於要移除重複項目的資料行標頭上，按一下滑鼠右鍵。

2️⃣ 選按 **移除重複項目**。

資料取代

想要修正原有資料，例如："農林牧漁業" 改成 "農林漁牧業"，用 **取代值** 可以快速完成所選資料行的資料取代。

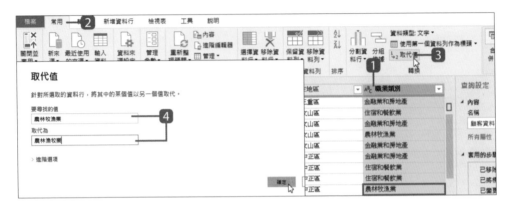

1 選按想取代資料的資料行。

2 選按 **常用** 索引標籤

3 選按 **取代值**。

4 於 **要尋找的值** 欄位輸入原有資料，**取代為** 欄位輸入新資料，選按 **確定** 鈕，完成該資料行內的資料取代。(選按 **進階選項** 可以設定更多取代變化)

缺失資料填滿

當資料行有缺失資料，但不是無法取得的數據，而是與上、下列資料相同的內容，可以用 **填滿** 功能向下、向上填滿將資料補齊。

1 選按想填滿資料的資料行。

2 選按 **轉換** 索引標籤。

3 選按 **填滿**，清單中選擇 **向下** 或 **向上** 填滿 (此範例選按 **向下**)。

為資料添加首碼、尾碼

當資料行內的資料需要統一為原資料開頭或結尾添加其他資料時,透過 **格式** 內的功能可以完成這項調整。

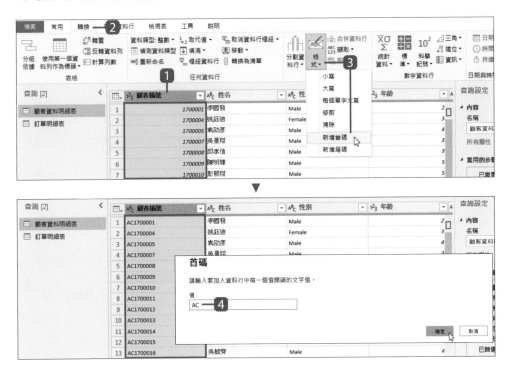

▼

1️⃣ 選按想添加首碼、尾碼資料的資料行。

2️⃣ 選按 **轉換** 索引標籤

3️⃣ 選按 **格式**,清單中選擇 **新增首碼** 或 **新增尾碼** (此範例選按 **新增首碼**)。

4️⃣ 輸入要添加的資料,選按 **確定** 鈕。

8 資料行進階應用

示範於 **Power Query 編輯器** 清理資料時，資料行更進一步的應用與設定，包括：依條件新增、建立索引資料行、自訂、分割、合併...等操作。

新增條件式資料行

條件資料行 功能會新增一個資料行並依指定條件呈現資料內容，與 Excel 的 IF 函數結果相似但不需要使用函數，在此要將年齡分群 (例如 10 歲內 (含 10 歲) 即呈現 1~10)。

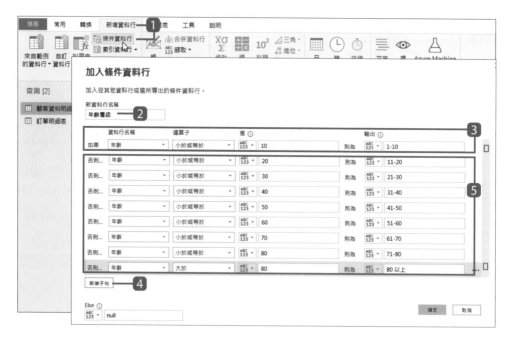

1️⃣ 選按 **新增資料行** 索引標籤 \ **條件資料行**。

2️⃣ 輸入新資料行名稱。

3️⃣ 如上圖，設定第一個條件。

4️⃣ 選按 **新增子句 (新增規則)** 可增加一個條件列。

5️⃣ 如上圖，依序輸入其他條件 (要增加條件列就選按 **新增子句**)，分別指定各年齡的層級範圍，最後選按 **確定** 鈕。

▲ 回到 **Power Query 編輯器** 主畫面會看到最右側多了一個依剛剛指定條件產生的資料行。

新增索引資料行

索引資料行 功能會新增一個資料行，並以 0、1 或自訂值，填入連續且不重複的編號到最後一筆記錄。藉由索引值資料行可以為兩份沒有唯一值的資料表產生關聯，進行更多資料分析。

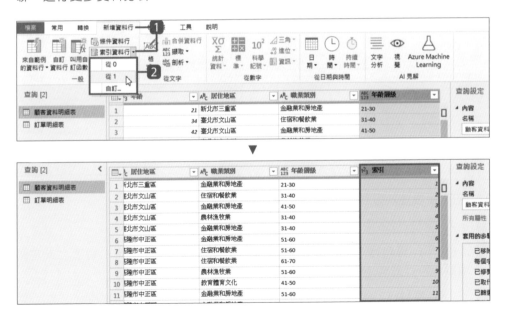

1️⃣ 選按 **新增資料行** 索引標籤 \ **索引資料行** 清單鈕。

2️⃣ 於清單中選按合適的索引開頭值 (或以自訂的方式產生)。

自訂資料行

自訂資料行 功能會依據自訂公式建立一個新的資料行，在此示範新增：依 **小計** 資料行 * 0.9，取得九折的折扣價。

1️⃣ 選按 **新增資料行** 索引標籤 \ **自訂資料行**。

2️⃣ 輸入新資料行名稱。

3️⃣ 於 **可用的資料行** 欄位，需使用的項目上連按二下滑鼠左鍵，會產生於左側 **自訂資料行公式** 欄位中。

4️⃣ 於 **自訂資料行公式** 欄位，輸入公式。

5️⃣ 選按 **確定** 鈕完成自訂資料行建立。

智慧型拆分資料

來自範例的資料行 是智慧型功能，與 Excel 的拆分資料相似，會依第一列指定的資料拆分方式自動完成後續資料拆分。

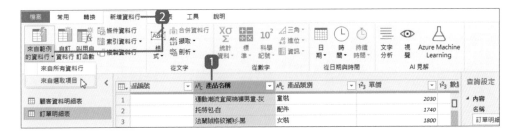

1️⃣ 選按想拆分資料的資料行。

2️⃣ 選按 **新增資料行** 索引標籤＼**來自範例的資料行**＼**來自選取項目**。

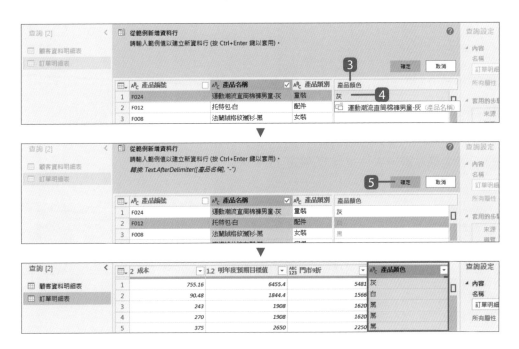

3️⃣ 為新資料行輸入合適的名稱。

4️⃣ 在此要拆分產品名稱 "運動潮流直筒棉褲男童-灰" 中的色彩資料，因此在第一列輸入「灰」，按 [Enter] 鍵，會看到後續每個資料列都出現拆分出來的色彩資料。

5️⃣ 選按 **確定** 鈕完成資料拆分。

分割資料行內容依字元數

資料行內文字資料的拆分除了前頁說明的方式，也可以依字數切割。例如：新北市三重區、臺北市文山區，前 3 個字均是縣市名，後面則是地區地址，規律的文字資料即可指定依字元數分割。

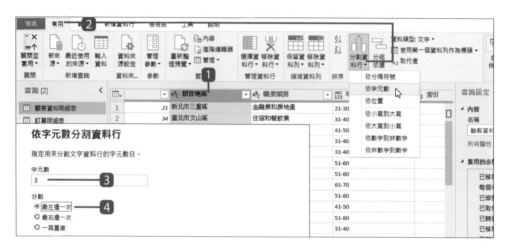

1 選按想分割的資料行。

2 選按 **常用** 索引標籤 \ **分割資料行** \ **依字元數**。

3 **字元數** 輸入「3」。

4 **分割**：最左邊一次，再選按 **確定** 鈕。

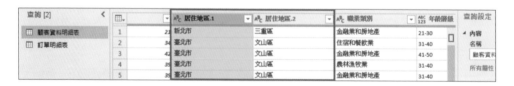

▲ 原 "居住地區" 資料行變成："居住地區.1"、"居住地區.2" 二個資料行，且內容已依指定字元數分割。

TIPS

保留原資料行，以新增的方式產生分割後資料行

分割資料行時，如果希望保留原資料行內容，可以選取該資料行後先選按 **新增資料行** 索引標籤 \ **複製資料行**，再以複製的資料行套用分割操作。

分割資料行內容依符號

資料行內文字資料的拆分還可以依符號分割。

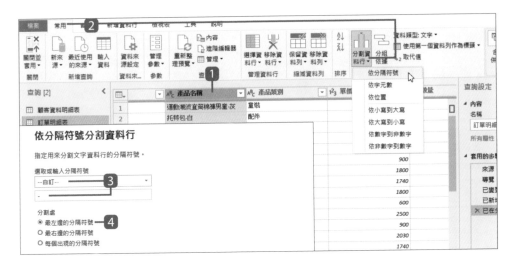

1. 選按想分割的資料行。

2. 選按 **常用** 索引標籤 \ **分割資料行** \ **依分隔符號**。

3. **選取或輸入分隔符號** 欄中選擇合適的符號；或選擇 **自訂**，並於下方欄輸入指定符號。

4. **分割處**：**最左邊的分隔符號**，再選按 **確定** 鈕。

▲ 原 "產品名稱" 資料行變成："產品名稱.1"、"產品名稱.2" 二個資料行，且內容已依指定符號分割。

TIPS

保留原資料行，以新增的方式產生分割後資料行

分割資料行時，如果希望保留原資料行內容，可以選取該資料行後先選按 **新增資料行** 索引標籤 \ **複製資料行**，再以複製的資料行套用分割操作。

合併資料行內容

合併資料行即是指將原本二個或二個以上的資料行內容,連接在一起並彙整於一個資料行中,合併資料的同時也可指定是否要加入分隔符號。

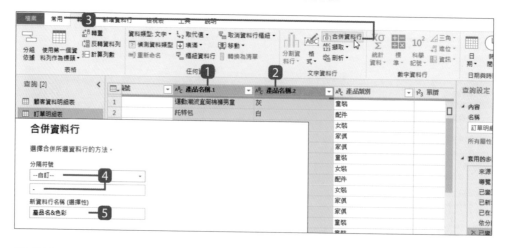

1️⃣ 選按想合併的資料行第一行。

2️⃣ 再按 Ctrl 鍵依序選按其他要合併的資料行。

3️⃣ 選按 常用 索引標籤 \ 轉換 \ 合拼資料行。

4️⃣ 分隔符號 欄中選擇合適的符號;或選擇 自訂,並於下方欄輸入指定符號。

5️⃣ 新資料行名稱:輸入合適名稱,再選按 確定 鈕。

▲ 會依選取的順序合併其資料,並呈現在指定的資料行名稱中,且依指定符號合併 (原選取的資料行會被取代)。

TIPS

保留原資料行,以新增的方式產生合拼後資料行

合併資料行時,如果希望保留原資料行內容,可於選取要合併的資料行後,選按 **新增資料行** 索引標籤 \ **合併資料行**,如此一來會以新增的方式產生合併後的資料行。

---

9 日期資料格式轉換

日期資料是資料數據視覺化時很重要的元素，當來源資料是以 西元 "年/月/日" 三個元素組成日期，即會於 Power BI 中定義為 **日期** 資料型態，可依 "年"、"季"、"月"、"日"，四個階層變化或篩選出相對的統計數值進行分析。

日期資料記錄方式若不是完整的 "年/月/日" 資料，或年份是以民國的方式記錄...等狀況，於 Power BI 取得時需要再藉由 **Power Query** 編輯器轉換後才能以 **日期** 資料型態使用。

將文字資料轉換為日期資料

西元 "年/月/日" 為標準 **日期** 資料型態組成元素，若來源資料為 "2020年3月" 或 "2020/3" 時，會被定義為 **文字** 資料，目前新版 Power BI 會自動將其定義為 **日期** 資料型態並轉換為 "2020/3/1"，為缺少 "日" 資料的日期統一調整為該月份的 1 號。

若日期資料取得後無法自動調整時，可以於 **Power Query 編輯器** 手動操作：

1 選按要調整的資料行（此例選按 "下單日期(年月)1" 資料行，資料格式為 "yyyy年mm月" 目前為 **文字** 資料類型）。

2 選擇 **轉換** 索引標籤 \ **資料類型** \ **日期**，當資料行定義為 **日期** 資料類型時，資料會套用 "yyyy/mm/dd" 格式，且自動為缺少 "日" 資料的日期統一調整為該月份的 1 號。

3 若出現 **變更資料行類型** 訊息方塊，可選按 **新增步驟** 以步驟的方式套用，方便後續確認與變更。

4 選按要調整的資料行（此例選按 "下單日期(年月)2" 資料行，資料格式為 "yyyy／mm" 目前為 **文字** 資料類型）。

5 選按 **轉換** 索引標籤 \ **資料類型** \ **日期**，當資料行定義為 **日期** 資料類型時，資料會套用 "yyyy/mm/dd" 格式，且自動為缺少 "日" 資料的日期統一調整為該月份的 1 號。

將日期資料轉換為年份

在此示範藉由 **新增資料行** 索引標籤 \ **日期** 相關功能，取得日期資料中的年份。

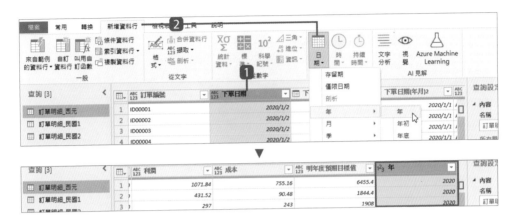

1️⃣ 選按資料表中原有的日期資料資料行。

2️⃣ 選按 **新增資料行** 索引標籤 \ **日期** \ **年** \ **年**，可以取得原來的日期資料中的 "年" 份，並整理於新增的資料行。

將日期資料轉換為月份名稱

日期資料可以轉換的 **月** 相關格式有：**月、月初、月底、月中日數、月份名稱**，在此示範取得日期中的月份名稱。

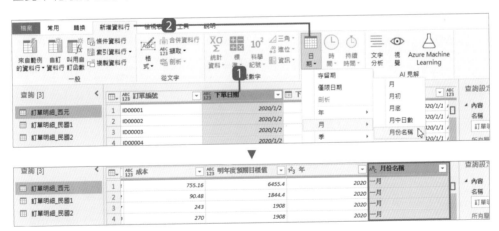

1️⃣ 選按資料表中原有的日期資料資料行。

2️⃣ 選按 **新增資料行** 索引標籤，再選按 **日期** \ **月** \ **月份名稱**，可以將原來的日期資料轉換為 "*月"，並整理於新增的資料行。

將日期資料轉換為星期幾名稱

日期資料可以轉換的 **日** 相關格式有：**日**、**週中的日**、**年中的日**、**一日開始**、**一日結束**、**星期幾名稱**，在此示範取得日期中的星期幾名稱。

▼

1️⃣ 選按資料表中原有的日期資料資料行。

2️⃣ 選按 **新增資料行** 索引標籤，再選按 **日期 \ 日 \ 星期幾名稱**，可以將原來的日期資料轉換為 "星期*"，並整理於新增的資料行。

西元年轉換為民國年

若後續視覺設計，想於圖表或交叉分析篩選器中將年份以民國年呈現，可如下操作轉換：

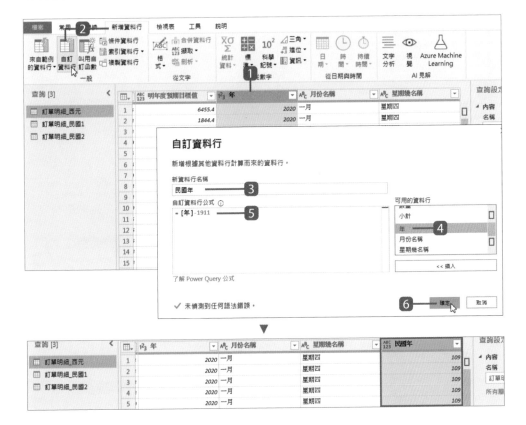

1️⃣ 參考前面說明，先將日期資料轉換為年份，再選按新增的西元年份資料行。

2️⃣ 選按 **新增資料行** 索引標籤 \ **自訂資料行**。

3️⃣ 輸入新資料行名稱：「民國年」。

4️⃣ 於 **可用的資料行** 欄位，**年** 欄位連按二下滑鼠左鍵，產生於左側 **自訂資料行公式** 欄位中。

5️⃣ 於 **自訂資料行公式** 欄位，輸入公式：「-1911」。

6️⃣ 選按 **確定** 鈕完成，會新增一 "民國年" 資料行，並顯示西元轉換的民國年。

(若想要直接使用範例中 **下單日期** 資料行來自訂資料行，於公式的部份需要改成輸入：「=Date.Year([下單日期])-1911」。

"民國年/月/日" 轉換為西元日期資料

當資料內的日期是以民國年記錄時，Power BI 目前尚無法將其自動轉換為西元年再套用 **日期** 資料型態，可如下操作轉換：

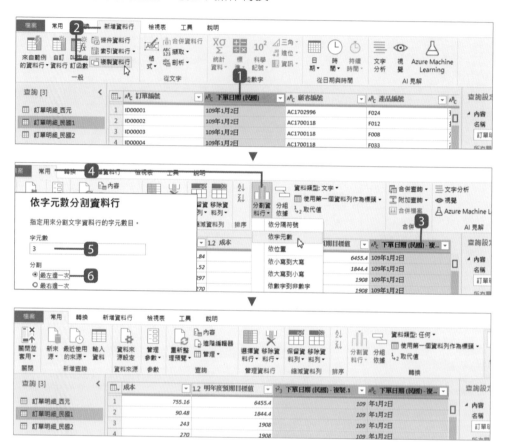

1️⃣ 選按要複製的資料行：**下單日期(民國)**。

2️⃣ 選按 **新增資料行** 索引標籤 \ **複製資料行**。(複製產生的資料行會出現在該資料表最右側)

3️⃣ 選按剛剛複製出來的資料行：**下單日期 (民國) - 複製**。

4️⃣ 選按 **常用** 索引標籤 \ **分割資料行** \ **依字元數**。

5️⃣ **字元數** 輸入「3」。

6️⃣ **分割**：**最左邊一次**，再選按 **確定** 鈕，即可將年份分割成單一資料行。

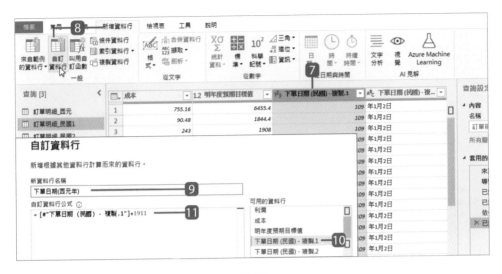

7 選按分割產生的：**下單日期(民國)-複製.1**。

8 選按 **新增資料行** 索引標籤 \ **自訂資料行**。

9 輸入新資料行名稱：「**下單日期(西元年)**」。

10 於 **可用的資料行** 欄位，**下單日期(民國)-複製.1** 欄位連按二下滑鼠左鍵，產生於左側 **自訂資料行公式** 欄位中。

11 於 **自訂資料行公式** 欄位，輸入公式：「**＋1911**」，選按 **確定** 鈕。

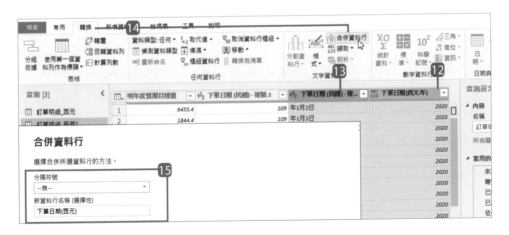

12 選按想合併的資料行第一行：**下單日期(西元年)**。

13 再按 Ctrl 鍵選按要合併的資料行：**下單日期(民國)-複製.2**。

14 選按 **常用** 索引標籤 \ **轉換** \ **合拼資料行**。

15 **分隔符號**：無，**新資料行名稱**：輸入：「**下單日期(西元)**」，再選按 **確定** 鈕。

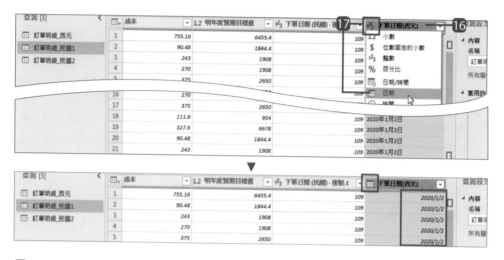

16 選按要調整的資料行：**下單日期(西元)**。

17 選按該資料行標頭右側類型圖示 \ **日期**，當資料行定義為 **日期** 資料類型時，資料會自動套用 "yyyy/mm/dd" 格式，完成"民國年/月/日" 轉換為西元日期資料的操作。

"民國年/月" 轉換為西元日期資料

當資料內的日期是以民國年記錄，但格式為 "民國年/月" 時，只要依上一個主題說明完成相同轉換操作，最後資料行定義為 **日期** 資料類型時，資料會套用 "yyyy/mm/dd" 格式，且自動為缺少 "日" 資料的日期統一調整為該月份的 1 號，完成"民國年/月" 轉換為西元日期資料的操作。

10 依指定欄位項目分組並計算

需要將資料內容依特定欄位項目聚合並運算數值時，例如依 "產品名稱" 統計訂購數量，可使用 **分組依據** 功能。(這個功能的做法會改變該資料表結構，建議可先複製資料表再套用。)

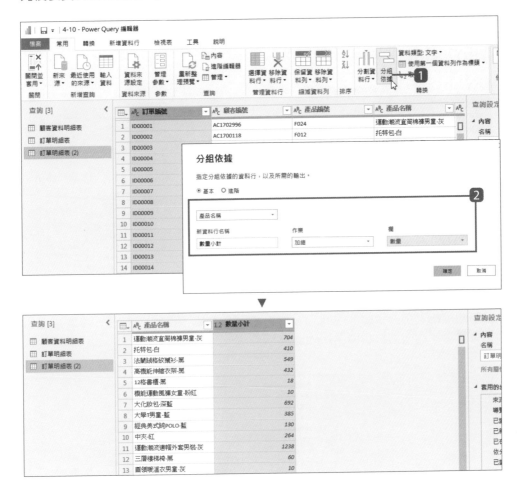

1. 選按 **常用** 索引標籤 \ **分組依據**。

2. 分組依據與運算方式：核選 **基本**，指定 **產品名稱** 資料行，**新資料行名稱** 輸入：「數量小計」，**作業**：**加總**，**欄**：指定 **數量** 資料行，最後選按 **確定** 鈕，完成依 "產品名稱" 分組計算數量小計值。

11 操作步驟的調整、刪除與還原

資料在 **Power Query 編輯器** 視窗所做的變更與設定，會依序顯示在右側 **查詢 設定** 窗格 **套用的步驟** 清單中，可在此回復到之前的步驟、調整步驟設定、調整 或刪除步驟順序...等。每個步驟均是延續前一個步驟產生的結果，移動或刪除時 需注意是否會有所影響，若出現了警告訊息即表示不適合目前的變更動作。

恢復到之前的步驟 (復原)

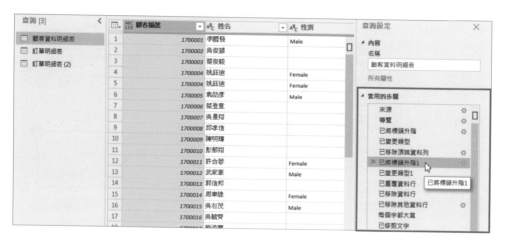

▲ 若想檢視之前的步驟套用狀況，可於 **套用的步驟** 清單中選按任一步驟項目名 稱，可以回復到該步驟套用的狀況。

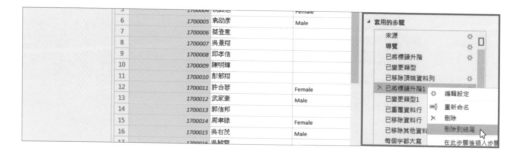

▲ 若要從該步驟之後重新調整，需在該步驟項目上按一下滑鼠右鍵，選按 **刪除 到結尾**，將後續步驟全部刪除，再開始新的調整動作。(不建議從中間插入新 步驟，較容易造成錯誤。)

調整步驟設定內容

右側 **查詢設定** 窗格 **套用的步驟** 清單中，若步驟項目右側有 ⚙ 圖示，代表該步驟是經由設定完成套用，選按 ⚙ 圖示可再次開啟該步驟設定面板，可重新調整原有的設定內容再次套用。

重新命名、刪除、移動步驟順序

右側 **查詢設定** 窗格 **套用的步驟** 清單中，於步驟項目上按一下滑鼠右鍵，選按 **重新命名** 或 **刪除**，可更名或刪除；於步驟項目上按一下滑鼠右鍵，選按 **移到目標之前** 或 **移到目標之後**，可調整步驟順序。(隨意刪除或調整步驟順序容易產生錯誤狀況，可參考下頁詳細說明。)

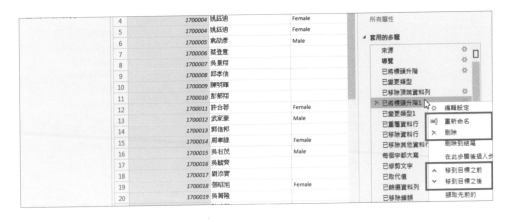

TIPS

刪除步驟產生錯誤！

刪除步驟時，如果是由最後一個步驟依序向上刪除，較不會有錯誤產生，若是於 **套用的步驟** 清單中隨意刪除一個，很容易出現如下的錯誤狀況，若出現了警告訊息表示不適合目前的變更動作。(此刪除動作無法還原)

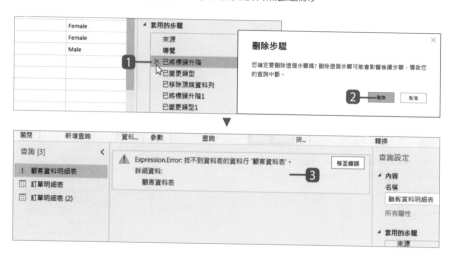

1 任意刪除步驟項目。

2 出現警告訊息，仍按 **刪除** 鈕。

3 會出現錯誤訊息。

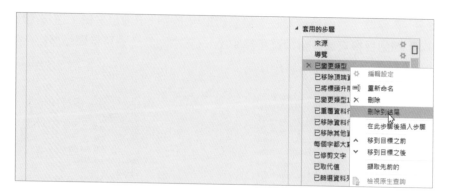

如果出現錯誤訊息，**套用的步驟** 清單中會選取剛剛刪除的下一個步驟，於該步驟項目上按一下滑鼠右鍵，選按 **刪除到結尾**，將後續無法執行的步驟全部刪除，才能解決該問題。(或考慮不存檔直接關閉檔案，可以保留上一次儲存的內容。)

12 找不到檔案！變更資料來源

進入 **Power Query 編輯器** 正準備編輯資料內容時，出現了找不到檔案的錯誤訊息！！該如何處理？

Power BI Desktop 取得的資料是以 "絕對路徑" 的方式設定資料來源，因此當來源檔案更改檔名或儲存路徑，那就會產生找不到資料來源的錯誤狀況。

這時請依以下步驟重新指定來源：

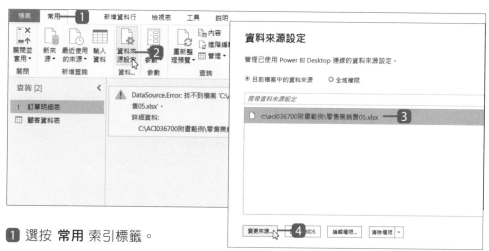

1 選按 **常用** 索引標籤。

2 選按 **資料來源設定**。

3 選按要重新指定資料來源的資料項目。

4 選按 **變更來源** 鈕。

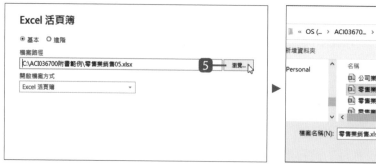
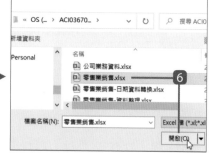

5 選按 **瀏覽** 鈕。

6 指定新的資料來源檔，選按 **開啟** 鈕。

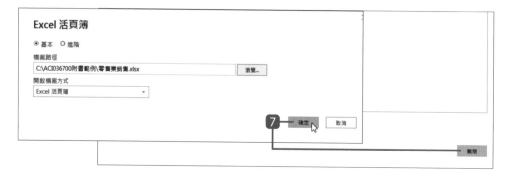

7 選按 **確定** 鈕，再選按 **關閉** 鈕。

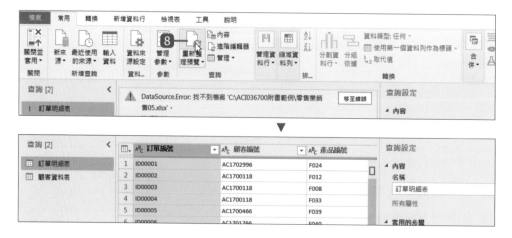

8 如果重新指定資料來源後依然沒有自動更新連結，可以選按 **常用** 索引標籤 \
重新整理預覽，強制更新。

13 整併分散的檔案與文件 (縱向合併)

進入 **Power Query** 編輯器，如果想於主資料表累加更多筆資料記錄時，可以使用 **附加查詢** 功能。

附加查詢 屬於縱向合併資料，會於主資料表最後一筆記錄 (資料列) 後累加更多筆資料記錄，因此讀入的資料表結構必須跟主資料表一樣才能正確合併。以下示範將 1 月~3 月的銷售明細合併為一份資料表：

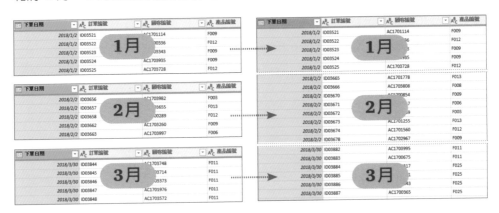

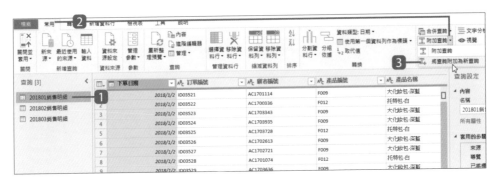

1️⃣ 選取主資料表。

2️⃣ 選按 **常用** 索引標籤 \ **附加查詢** 清單鈕

3️⃣ 清單中有二個選項，在此選按 **將查詢附加為新查詢**。(選按 **附加查詢** 會在目前選取的這份資料表累加其他資料表資料；選按 **將查詢附加為新查詢** 會將累加結果產生一份新的查詢資料表。)

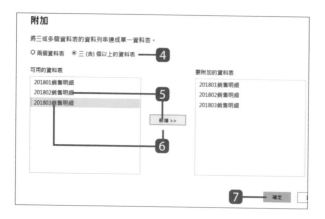

4 在此的合併包含主資料表共有三個資料表，因此核選 **三(含) 個以上的資料表**。

5 於 **可用的資料表** 選按 **201802銷售明細** 項目，再選按 **新增** 鈕。

6 於 **可用的資料表** 選按 **201803銷售明細** 項目，再選按 **新增** 鈕。

7 選按 **確定** 鈕。

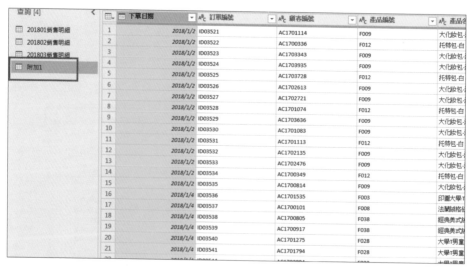

▲ 產生新的查詢資料表，並將指定合併的資料表內容整理在其中，可以連按二下查詢資料表名稱更名。

(最後選按 **常用** 索引標籤 ＼ **關閉並套用** ＼ **關閉並套用**，讓資料表套用這次的附加查詢結果。)

14 整併分散的檔案與文件 (橫向合併)

進入 **Power Query** 編輯器，如果想合併二份不同資料行的資料表，可以使用 **合併查詢** 功能。**合併查詢** 屬於橫向合併資料，與 Excel 的 Vlookup 函數功能類似，但能讓大量數據更輕鬆取得相關資料。

合併的二份資料表必須有一相互關聯欄位才能正確合併，以下示範將 **顧客資料表** 與 **業務別** 合併為一份資料表，**居住地區、地區** 欄位是這二份資料表的關聯欄位 (欄位名稱不同但內容相同也可關聯)：

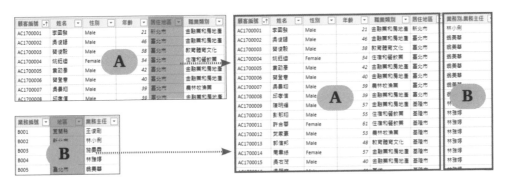

Step 1 　指定合併資料表與關聯欄位

1. 選取主資料表。

2. 選按 **常用** 索引標籤 \ **合併查詢** 清單鈕。

3. 清單中有二個選項，在此選按 **將查詢合併為新查詢**。(選按 **合併查詢** 會在目前選取的這份資料表累加其他資料表資料；選按 **將查詢合併為新查詢** 會將累加結果產生一份新的查詢資料表。)

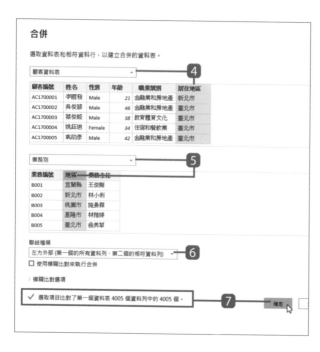

4. 選擇 **顧客資料表**，選按 **居住地區** 欄位。

5. 選擇 **業務別**，選按 **地區** 欄位。

6. 設定 **聯結種類** 為預設的：**左方外部**。(關於聯結種類的關係可以參考下頁說明)

7. 已自動比對出： 4005 個資料列中的 4005 個，選按 **確定** 鈕。

Step 2 展開指定欄位

執行合併查詢後，資料表最右側會看到累加合併的資料表，可以指定要展開的欄位，在此指定展開存放業務名稱的 **業務主任** 欄位。

1. 選按 。

2. 核選 **展開**，再取消核選 **業務編號** 與 **地區**。

3. 核選 **使用原始資料行名稱做為前置詞**。

4. 選按 **確定** 鈕。

別	1²³ 年齡	ᴬᴮ꜀ 職業類別	ᴬᴮ꜀ 居住地區	ᴬᴮ꜀ 業務別.業務主任
1	21	金融業和房地產	新北市	林小俐
2	46	金融業和房地產	臺北市	翁美華
3	38	教育體育文化	臺北市	翁美華
4	34	住宿和餐飲業	臺北市	翁美華
5	42	金融業和房地產	臺北市	翁美華
6	40	金融業和房地產	臺北市	翁美華
7	39	農林漁牧業	臺北市	翁美華
8	39	金融業和房地產	臺北市	翁美華
9	57	金融業和房地產	基隆市	林雅婷
10	55	住宿和餐飲業	基隆市	林雅婷
11	61	住宿和餐飲業	基隆市	林雅婷

▲ 展開後，可以看到合併結果與 Excel 中的使用 Vlookup 函數得到的結果一樣，業務名稱已依顧客居住地區關聯相對的呈現。

(最後選按 **常用** 索引標籤 \ **關閉並套用** \ **關閉並套用**，讓資料表套用這次的合併查詢結果。)

TIPS

聯結種類關係

合併查詢 關聯時，可以設定二份資料表的聯結種類，預設是 **左方外部**，另外還有五個聯結方式：(以下圖示 A 代表主資料表，B 代表累加資料表。)

左方外部：以 A 資料表為主，將 B 資料表的資料對應過來。如果 A 資料表有高雄市的消費明細，B 資料表沒有高雄市業務名稱時，會填入 null (空值)。

右方外部：以 B 資料表為主，將 A 資料表的資料對應過來。如果 B 資料表沒有新北市業務名稱時，那 A 資料表也會移除新北市的資料記錄。

完整外部：保留 A、B 二份資料表的所有資料行，並相互找到相符的資料列。缺失的資料會填入 null (空值)。(可再使用 **條件資料行** 調整、補齊資料。)

內部：只保留 A、B 二個資料表都有的資訊。

左方反向：只保留 A 資料表獨有的資料。

右方反向 (此選項目前 Power BI 翻譯有誤，誤翻為 **左方反向**)：只保留 B 資料表獨有的資料。

15 一次取得並整併資料夾中多個檔案資料

若要一次取得 <各月份銷售資料> 資料夾中，<201801.xlsx>～<201805.xlsx> 5 個檔案內的各月份銷售明細資料並合併成一份資料表，可於取得資料時指定，以更快速的方式完成。

Step 1 取得指定資料夾內資料並合併

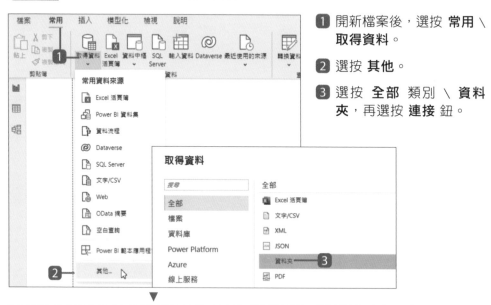

1 開新檔案後，選按 常用 \ 取得資料。

2 選按 其他。

3 選按 全部 類別 \ 資料夾，再選按 連接 鈕。

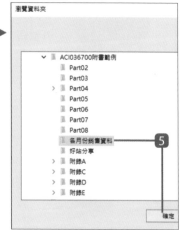

4 選按 瀏覽 鈕。

5 選擇要取得資料的資料夾，在此選擇 <C:\ACI036700附書範例\各月份銷售資料> 資料夾，再選按 確定 鈕。

6 選按 **確定** 鈕。

7 確認要整合的資料檔明細,再選按 **合併** 鈕 \ **合併並載入** (若選按 **合併與轉換資料** 會於合併後直接進入編輯器)。

8 選擇要依哪個檔案的格式為範例來附加,因為資料夾中每個檔案的格式都是一樣,所以依預設的 **第一個檔案** 作為範例,再選按 **確定** 鈕。

9 完成載入動作後,切換到 ▦ **資料** 檢視模式。

10 可看到 5 份報表資料都已整合到這份資料表,於 **Source.Name** 標頭名稱上按一下滑鼠右鍵,可確認已載入並合併的檔案清單。

完成前面 <各月份銷售資料> 資料夾，5 個檔案內 1~5 月銷售明細資料的合併，如果後續再製作 6、7、8 月的銷售明細資料該怎麼辦？不需要重新取得，只要將製作好的報表檔案一樣放置於該資料夾中，再於 Power BI 檔案重整資料即可自動取得新的資料並合併於既有資料的後方。

1. 選取 <C:\ACI036700附書範例\201806.xlsx> 檔案，拖曳至 <各月份銷售資料> 資料夾中。

2. 回到 Power BI Desktop，切換到 ▦ **資料** 檢視模式。

3. 選按 **常用** 索引標籤 \ **重新整理**。

4. 於 **Source.Name** 標頭名稱上按一下滑鼠右鍵，可確認已載入並合併的檔案清單。

TIPS

合併檔案出現錯誤訊息

合併資料夾中的多個檔案時，出現如右圖的錯誤訊息時，請檢查要合併的資料欄位結構、儲存格格式、工作表名稱是否相同，如此才能合併資料內容。

> 載入
>
> ⚠ 各月份銷售資料 (2)
>
> 無法將修改儲存到伺服器。傳回的錯誤: 'OLE DB 或 ODBC 錯誤: [Expression.Error] 此索引鍵不符合資料表中的任何資料列・・・'
>
> 關閉

16 轉換為合適的資料結構

來源資料結構會影響視覺化呈現方式，往往要調整成合適的結構就花費很多時間，**Power Query 編輯器** 中 **取消資料表的樞紐** 與 **轉置** 功能可於短短幾秒鐘的時間完成資料表結構轉換，不用再費時費力的搬移與複製。

執行數據分析時，"乾淨" 的資料需要符合以下基本原則：

· 缺失資料補齊

· 每一欄只能有一項類型資訊 (例如：一欄內不能同時有性名、產地、數量的資訊)

· 不同欄位需安排不同類型資訊 (例如：不能同時有多欄都是產品資訊)

· 只能有一列資料標頭

· 資料第二列開始即為數據資料

以下二份報表是同樣的資料，但是記錄方式與結構不相同，左報表 (表一) 是公司或公開資料 (Open data) 下載常見的資料結構，如果依基本原則來轉換，會成為右報表 (表二)：每一欄 (資料行) 都是一個類型資訊、每一列都是一筆數據資料。

雖然二種報表結構都能套用視覺化，但操作時會發現，使用右表結構的報表資料建立視覺化可分析的主題更多元化也更容易聚焦在關鍵因素。

縣市	產品類別	銷售量
宜蘭縣	女裝	180
宜蘭縣	皮件	92
宜蘭縣	男裝	280
宜蘭縣	家俱	171
宜蘭縣	配件	348
宜蘭縣	童裝	212
桃園市	女裝	400
桃園市	皮件	165
桃園市	男裝	578
		288
	家俱	
新北市	配件	
新北市	童裝	597
臺北市	女裝	139
臺北市	皮件	56

縣市	女裝	皮件	男裝	家俱	配件	童裝
宜蘭縣	180	92	280	171	348	212
桃園市	400	165	578	288	715	457
基隆市	186	93	310	170	453	210
新北市	575	275	847	409	1048	597
臺北市	139	56	144	90	200	118

(表一)

(表二)

轉換 1×1 層次結構

進入 **Power Query** 編輯器，選取 **1×1層次結構** 查詢，左側資料行 "居住地區" 為 1 個維度，而 "產品類別" 維度則分散於後續各資料行，不符合基本原則中的：不同欄位需安排不同類型資訊，藉由 **取消資料表的樞紐** 功能改變此資料表結構：

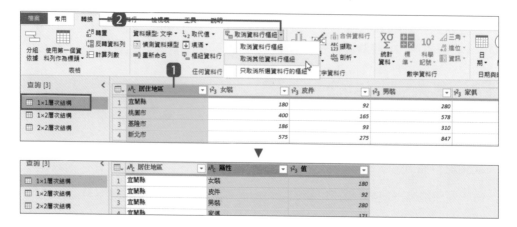

❶ 選按 **居住地區** 資料行。

❷ 選按 **轉換** 索引標籤 \ **取消資料行樞紐** 清單鈕 \ **取消其他資料行樞紐**。

❸ 完成資料結構調整後，修正資料行標頭名稱。

轉換 1×2 層次結構

進入 **Power Query** 編輯器，選取 **1×2層次結構** 查詢，左側資料行 "居住地區" 為 1 個維度，而上方有 "產品類別"、"性別" 2 個維度，所以是 1×2 層次結構。藉由 **轉置**、**取消資料表的樞紐** 功能改變此資料表結構：

		ABC123 Column1	ABC123 女裝	ABC123 Column3	ABC123 皮件	ABC123 Column5
	1	居住地區	Female	Male	Female	Male
	2	宜蘭縣	55	125	19	
	3	桃園市	156	244	69	
	4	基隆市	114	72	69	
	5	新北市	320	255	166	

1 若資料如範例為 1×2 層次結構,第一層標題已成為資料表標頭 (如上圖藍框框選處),請先於 **套用的步驟** 清單 **已將標題升階** 項目上選按滑鼠右鍵 \ **刪除到結尾**,再選按 **刪除** 鈕,回到將第一層標題還未升階為標頭的環節。

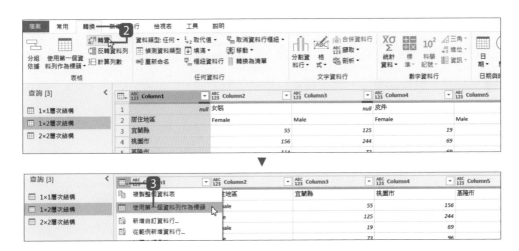

2 **取消資料行樞紐** 功能只能指定一個維度,所以先將上方的二個維度轉到左側:選按 **轉換** 索引標籤 \ **轉置**。

3 將目前資料表第一列調整為資料行標頭:選按資料表左上角 ⊞ \ **使用第一個資料列作為標頭**。

4 原上方的 2 個維度轉置為最左側資料行後,會有許多缺失值,選按最左側資料行,選按 **轉換** 索引標籤 \ **填滿** \ **向下**。

5 如圖選按左側二資料行。

6 選按 **轉換** 索引標籤 \ **取消資料行樞紐** 清單鈕 \ **取消其他資料行樞紐**。

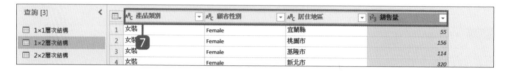

7 完成資料結構調整後，修正資料行標頭名稱。

轉換 2×2 層次結構

進入 **Power Query 編輯器**，選取 **2×2層次結構** 查詢，此資料表左邊有 "居住地區"、"職業類別" 2 個維度，上方有 "產品類別"、"性別" 2 個維度，所以是 2×2 層次結構，藉由 **轉置**、**取消資料表的樞紐** 功能改變此資料表結構：

1 若資料如範例為 2×2 層次結構，第一層標題已成為資料表標頭 (如上圖藍框框選處)，請先於 **套用的步驟** 清單 **已將標題升階** 項目上選按滑鼠右鍵 \ **刪除到結尾**，再選按 **刪除** 鈕，回到將第一層標題還未升階為標頭的環節。

2 左側欄位有許多缺失值，選按最左側資料行，選按 **轉換** 索引標籤 \ **填滿** \ **向下**。

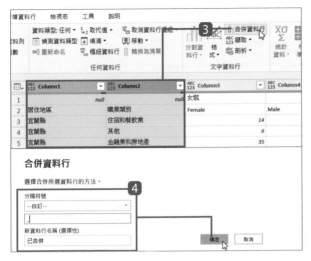

3 將左側二欄合併成一欄，成為 1 個維度：選按最左側資料行，再按 **Ctrl** 鍵不放選取左側第二資料行。接著選按 **轉換** 索引標籤 \ **合併資料行**。

4 設定 **分隔符號**：**-自訂-** 與 _ (底線符號)，**新資料行名稱**：**已合併**，再按 **確定** 鈕。

5 **取消資料行樞紐** 功能只能指定一個維度，所以先將上方的二個維度轉到左側：選按 **轉換** 索引標籤 \ **轉置**。

▼

6 將目前資料表第一列調整為資料行標頭：選按資料表左上角 ⊞ \ **使用第一個資料列作為標頭**。

▼

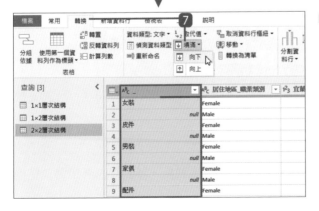

7 原上方的 2 個維度轉置為最左側資料行後，會有許多缺失值，選按最左側資料行，選按 **轉換** 索引標籤 \ **填滿** \ **向下**。

8 如圖選按左側二資料行。

9 選按 **轉換** 索引標籤 \ **取消資料行樞紐** 清單鈕 \ **取消其他資料行樞紐**。

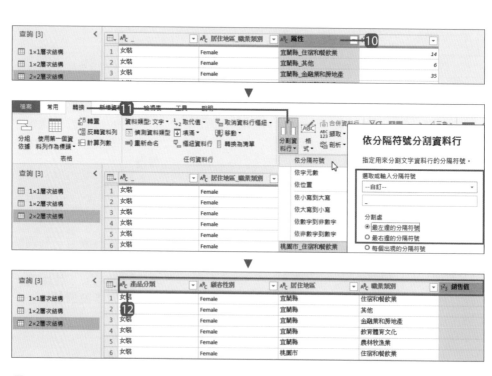

10 完成資料結構調整後,將前面合併的資料行再次分隔開:選取 **屬性** 資料行

11 選按 **轉換** 索引標籤 \ **分割資料行** \ **依分隔符號**。

輸入前面指定合併的 _ (底線符號),設定 **分割處:最左邊的分隔符號**,再選按 **確定** 鈕。

12 完成資料結構調整後,修正資料行標頭名稱。

(最後選按 **常用** 索引標籤 \ **關閉並套用** \ **關閉並套用**,讓資料表套用這次結構轉換。)

主題式
視覺化報表和儀表板

枯燥難懂的文字與數字,只要透過 Power BI 多款不同類型的視覺效果,就能讓瀏覽者輕鬆了解數據背後的資訊,快速掌握資料的內容與決策方向。

此單元透過 "顧客消費統計分析"、"零售業銷售與業績統計分析" 二個主題,一同體驗更豐富的視覺效果。

30%

1 顧客消費統計分析

環圈圖　折線圖　群組直條圖　樹狀圖　矩陣　卡片　多列卡片

● 範例分析

此範例是取得 <零售業銷售-主題式.xlsx> 資料表中 **訂單明細**、**顧客資料** 與 **產品資料** 三份資料表內容進行視覺效果設計與分析，先關聯資料表再依預計分析的行為模式套用各式視覺效果，快速解析目前營運下的顧客屬性以及消費行為。

此份報表預計透過大數據發掘的行為模式：

．男、女顧客的佔比以及消費能力。

．顧客各年齡群組的最高消費金額，評估新品訂價。

．顧客各職業類別整體佔比，並分析職業、年齡與性別是否為消費影響因素。

．顧客主要來源居住地區與職業別佔比所呈現的消費行為差異。

訂單編號	顧客編號	產品編號	數量	下單日期	小計	利潤	成本	明年度預期目標值	購物平台編號	
ID00001	AC1702996	F024	3	2020年1月2日	6090	1575	251.72	6455.4	P01	**訂單資料表**
ID00002	AC1700118	F012	1	2020年1月2日	1740	258	264.48	1844.4	P01	
ID00003	AC1700118	F008	1	2020年1月2日	1800	279	261	1908	P01	

顧客編號	姓名	性別	年齡	居住地區	職業類別	
AC1700030	徐婷婷	Female	39	新北市	金融業和房地產	**顧客資料表**
AC1700096	黃岳軍	Female	51	新北市	金融業和房地產	
AC1700104	黃宛凌	Female	57	新北市	金融業和房地產	

產品編號	產品類別	產品類別編號	成本	產品名稱	單價	刊登日	
F001	女裝	2	210.25	運動潮流連帽外套女裝-白	1450	2015年12月8日	**產品資料表**
F002	童裝	3	115.32	運動潮流直筒棉褲男童-白	930	2015年12月8日	
F003	男裝	1	126	印圖大學T男裝-藍	750	2015年12月12日	

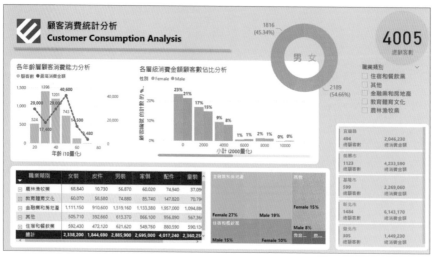

多資料表視覺化呈現的關鍵：資料表關聯

當資料來源為多個互相有關係的資料表時，可透過 **關聯** 建立不同資料表之間的連接。

多資料表運作方式

每個資料表都可能儲存不同主題的內容，想要整合各個資料表，並且重新組合出有效的資訊，最常用的方法就是在各個資料表之中放置相關的共同欄位，並且定義資料表之間的關聯就可以達成這個目的。

例如，建置了 **顧客** 資料表、**訂單** 資料表及 **產品** 資料表，**訂單** 資料表可以利用 **顧客編號** 欄位與 **顧客** 資料表進行關聯，再利用 **產品編號** 欄位與 **產品** 資料表進行關聯。如此一來利用關聯產生銷售明細，可以取得每一筆訂單的訂購顧客名稱、聯絡方式、購買產品及消費金額...等資料。

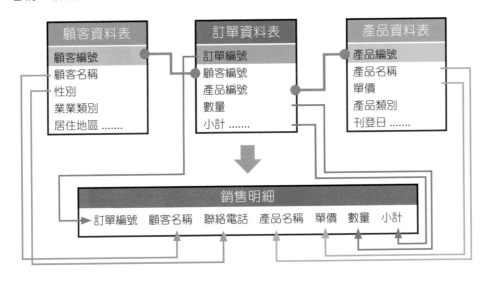

資料表檢視

開啟範例 <5-01.pbix>，切換至 ▦ **資料** 檢視模式中可看到已取得 **訂單資料表、顧客資料表** 與 **產品資料表** 三個資料表，在選按各資料表名稱時即可看到該資料表內的詳細資料。

訂單編號	顧客編號	產品編號	數量	下單日期	小計	利潤	成本	明年度預期目標值	購物平台編號
ID00001	AC1702996	F024	3	2020年1月2日	6090	1575	251.72	6455.4	P01
ID00002	AC1700118	F012	1	2020年1月2日	1740	258	264.48	1844.4	P01
ID00003	AC1700118	F008	1	2020年1月2日	1800	279	261	1908	P01

▲ 選按 **訂單資料表**，可看到有 **訂單編號、顧客編號、產品編號、下單日期、數量**...等欄位。

顧客編號	姓名	性別	年齡	居住地區	職業類別
AC1700030	徐婷婷	Female	39	新北市	金融業和房地產
AC1700096	黃岳甍	Female	51	新北市	金融業和房地產
AC1700104	黃宛渼	Female	57	新北市	金融業和房地產
AC1700106	屠毅蓓	Female	54	新北市	金融業和房地產

▲ 選按 **顧客資料表**，可看到有 **顧客編號、姓名、性別、年齡、居住地區、職業類別**，6 個欄位。

產品編號	產品類別	產品類別編號	成本	產品名稱	單價	刊登日
F001	女裝	2	210.25	運動潮流連幅外套女裝-白	1450	2015年12月8日
F002	童裝	3	115.32	運動潮流直薦褲男童-白	930	2015年12月8日
F003	男裝	1	126	印圖大學T男裝-藍	750	2015年12月12日

▲ 選按 **產品資料表**，可看到有 **產品編號、產品類別、產品類別編號、成本、產品名稱、單價、刊登日**，7 個欄位。

偵測關聯的準則

資料表間產生關聯後，不但可以取用各資料表欄位項目設計視覺化，產生的圖表更能彼此互動篩選。想要建立關聯的二個資料表，最好的組合為：一個為維度資料表、另一個為事實資料表。

維度資料表：欄多列少、會有大量描述性文字資料，且包含 **主鍵欄位** (資料內容擁有唯一、不會重覆的特性)；例如：顧客資料表，主鍵欄位為 "顧客編號" (每位顧客擁有自己專屬編號)。

事實資料表：列多欄少、會有大量數值資料，其記錄為不可變的 "事實" 資料，且包含可與維度資料表主鍵欄位內容相對應的欄位 (也稱 **外鍵欄位**)，該欄資料內容可重複出現；例如：訂單明細資料表，與顧客資料表相對應的外鍵欄位則為 "顧客編號"。

"維度表" 與 "事實資料表" 間自動建立關聯，必需符合以下三項準則：

· 維度資料表需擁有 "主鍵" 欄位，事實資料表需擁有 "外鍵" 欄位。

· 主鍵與外鍵欄位：欄名稱必需相同

· 主鍵與外鍵欄位：欄內資料類型需相同

多資料表關聯建立與確認

自動偵測建立關聯性

Power BI Desktop 取得資料時，會自動偵測資料表間的關聯性，若不符合關聯準則，則不會為其建立關聯。切換至 🔠 **模型** 檢視模式可看到目前資料表間的關聯，每份資料表以區塊呈現 (按著資料表名稱拖曳可調整擺放位置)，資料表間若有關聯則會以關聯線連接；也可手動開啟 **自動偵側** 的功能偵側：

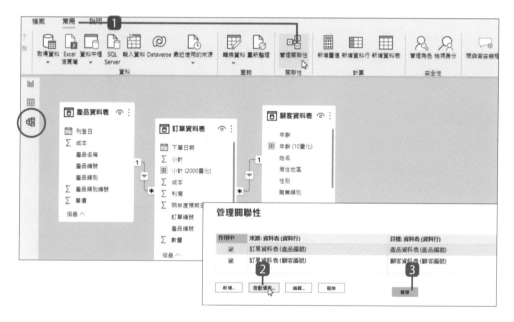

1️⃣ 選按 **常用** 索引標籤 \ **管理關聯**，開啟 **管理關聯性** 視窗。

2️⃣ 選按 **自動偵測** 鈕，重新偵測資料表間的關聯性。

3️⃣ 偵測結束後選按 **關閉** 鈕。

刪除關聯線

若有需要刪除資料表之間的關聯，可將滑鼠指標移至要刪除的關聯線上按滑鼠右鍵，選按 **刪除**，再按 **是** 確認，即可刪除該關聯。

手動建立關聯性

若不小心刪除了關聯線，或無法自動產生關聯，可於資料表拖曳要關聯的欄位項目至另一個資料表相對應的欄位上，待放開滑鼠左鍵即會產生關聯線。

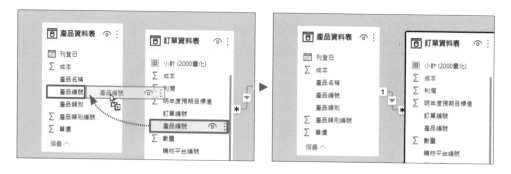

編輯關聯性

將滑鼠指標移至要編輯的關聯線上連按二下滑鼠左鍵，開啟 **編輯關聯性** 視窗，於各資料表選按欄位項目可以重新指定關聯的欄位，另外也可在此調整 **基數** 與 **交叉篩選器方向** 設定：

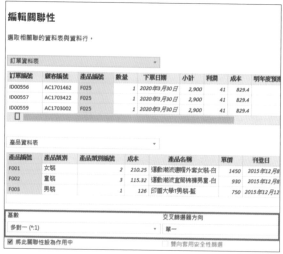

▲ 設定 **基數：多對一 (*:1)**，**訂單資料表** 一端代表 "多"，**產品資料表** 一端代表 "1"，因為一項產品會產生多筆訂單明細，以這樣的關係設定基數。

設定 **交叉篩選器方向：單一**。預設為 **單一**，單向的交叉篩選器方向會由維度資料表主導；**兩者** 為雙向篩選，彼此關聯的二份資料表可以相互取得相對應的值或資料，但若面對巨量且複雜的資料數據，運算效能會顯得較為吃力，使用者可以依手邊資料量考量。

以 "環圈圖" 分析男女顧客數佔比

環圈圖 與 **圓形圖** 相似，透過扇片顯示整體 (100%) 中各項目佔比，在此藉由 **環圈圖** 呈現報表中男、女顧客數佔比。

Step 1　建立環圈圖

先切換至 📊 **報告** 檢視模式，進行視覺效果設計：

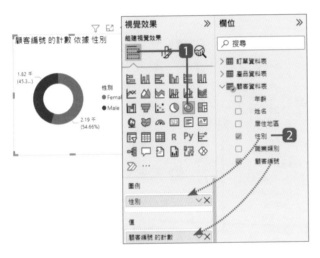

1️⃣ 於 **視覺效果** 窗格選按 📊 \ ◎ **環圈圖**。

2️⃣ 配置欄位：

　圖例 欄配置 **顧客資料表** \ **性別** 欄位。

　值 欄配置 **顧客資料表** \ **顧客編號** 欄位 (會自動轉換為 "計數"；即代表求得顧客數量)。

Step 2　調整視覺化格式

1️⃣ 選取視覺效果物件，先適當的調整大小與位置。

2️⃣ 於 **視覺效果** 窗格選按 🖊 \ **視覺效果** 調整格式：

　扇形區 區段，**Female** 設定粉紅色、**Male** 設定藍色。

　詳細資料標籤 \ **選項** 區段，設定 **標籤內容：資料值、總計百分比**；**字型** 區段，設定字級與 **顯示單位：無**。

3️⃣ 選按 **一般** \ **標題** 區段右側選按 🔵，切換為 ⚪，即可隱藏圖表標題。

以 "折線與群組直條圖" 分析各年齡層顧客的消費能力

想要視覺化不同刻度的二個量值時，可以運用能同時顯示不同軸刻度之折線和直條的組合圖，**折線與堆疊圖**、**折線與群組直條圖** 就是這種屬性的視覺效果。

Step 1 指定年齡以 **10** 歲為一個群組

資料表中年齡資料太過零散，因此將年齡的值以 10 為一個級距整理資料群組，讓視覺化效果更加強烈。

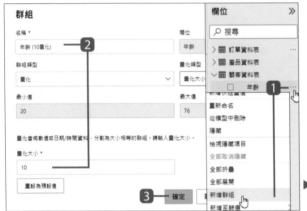

1. 於 **欄位** 窗格，**顧客資料表 \ 年齡** 欄位右側選按 ⋯ \ **新增群組**。

2. **群組** 視窗 **名稱** 欄位輸入：「年齡(10 量化)」，**量化大小** 欄位輸入：「10」。

3. 選按 **確定** 鈕。

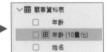

Step 2 建立折線與群組直條圖

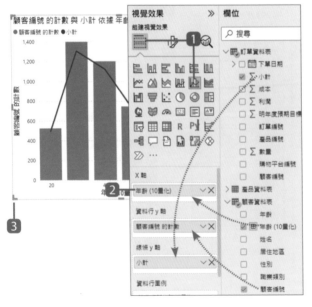

1. 新增頁面，於第 2 頁 **視覺效果** 窗格選按 ▦ \ 📊 **折線與群組直條圖**。

2. 配置欄位：

   X 軸 欄配置 **顧客資料表 \ 年齡 (10 量化)** 欄位。

   資料行 y 軸 欄配置 **顧客資料表 \ 顧客編號** 欄位 (會自動轉換為計數)。

   線條 y 軸 欄配置 **訂單資料表 \ 小計** 欄位。

3. 適當的調整大小與位置。

調整 **小計** 值計算方式,視覺效果中可看出各年齡群組的最高消費金額:

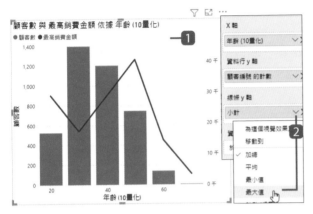

1 選取視覺效果物件。

2 於 **視覺效果** 窗格選按 圖,**線條 y 軸 \ 小計** 右側選按 ⌄ \ **最大值**。

Step 4 調整視覺化格式

調整視覺格式,強調直線圖與折線圖二組數值的呈現:

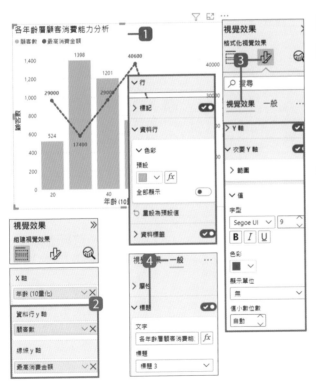

1 選取視覺效果物件。

2 於 **視覺效果** 窗格選按 圖,分別於 **資料行 y 軸**、**線條 y 軸** 欄內欄位項目上連按滑鼠左鍵二下,修改其顯示名稱為:「顧客數」、「最高消費金額」。

3 於 **視覺效果** 窗格選按 ✍ \ **視覺效果** 調整格式:

Y 軸、**次要 Y 軸** 區段,分別設定數值格式。

行、**標記**、**資料行** 區段,指定直線圖與折線圖色彩與樣式。

開啟 **資料標籤** 區段,設定相關格式。

4 **一般 \ 標題** 區段,輸入標題文字並設定相關格式。

以 "群組直條圖" 分析各層級消費金額的顧客數佔比

群組直條圖 常用於需要比較的數據值，此範例將透過直條圖整合呈現 **小計**、**顧客編號**、**性別** 三欄資料，藉此看出各層級消費金額中男、女顧客數佔比。

Step 1 指定消費金額以 **2000** 為一個群組

資料表中小計金額太過零散，因此以 2000 為一個級距整理資料群組。

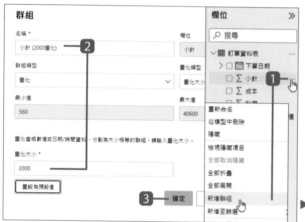

1️⃣ 於 **欄位** 窗格，**訂單資料表 \ 小計** 欄位右側選按 ⋯ \ **新增群組**。

2️⃣ **群組** 視窗 **名稱** 欄位輸入：「小計 (2000量化)」，**量化大小** 欄位輸入：「2000」。

3️⃣ 選按 **確定** 鈕。

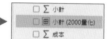

Step 2 建立群組直條圖

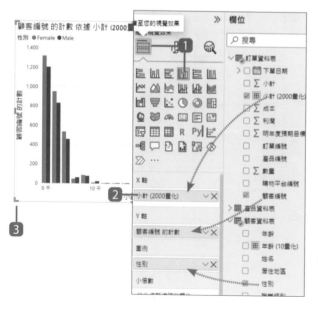

1️⃣ 新增頁面，於第 3 頁 **視覺效果** 窗格選按 ▤ \ ▥ 群組直條圖。

2️⃣ 配置欄位：

X 軸 欄配置 **訂單資料表 \ 小計 (2000量化)** 欄位。

Y 軸 欄配置 **訂單資料表 \ 顧客編號** 欄位 (會自動轉換為計數)。

圖例 欄配置 **顧客資料表 \ 性別** 欄位。

3️⃣ 適當的調整大小與位置。

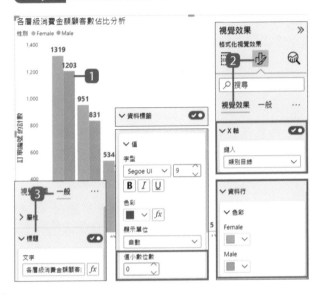

1 選取視覺效果物件。

2 於 **視覺效果** 窗格選按 📊 \
視覺效果 調整格式:

> **X 軸** 區段,設定 **鍵入:類別目錄**,並設定相關格式。
>
> **資料行** 區段,**Female** 設定粉紅色、**Male** 設定藍色。
>
> 開啟 **資料標籤** 區段,設定 **小數位數:0**,並設定相關格式。

3 **一般** \ **標題** 區段,輸入標題文字並設定相關格式。

Step 4 將值顯示為總計百分比

可由直條圖柱狀數列看出男、女顧客群主要的消費金額偏重在 4000 元以下,若想得知各金額人數的佔比,直條圖的資料標籤無法跟圓形圖一樣可以選擇 **百分比** 樣式套用,這麼多資料項目也不適合製作成圓形圖,在此可以將直條圖的值轉換為百分比。

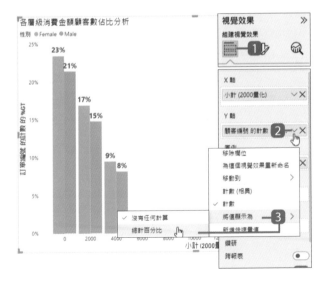

1 於 **視覺效果** 窗格選按 ▦。

2 **Y 軸** \ **顧客編號的計數** 右側選按 ▽。

3 選按 **將值顯示為** \ **總計百分比**。

(若資料數列由左而右的排列方式與左圖不相同,可選按物件右上或右下的 ⋯ 鈕,指定排序依據與方式,更多排序說明可參考 Part 6。)

以 "樹狀圖" 分析各職業類別顧客數佔比並依性別區分

樹狀圖 會將階層式資料顯示成巢狀矩形，適合於顯示大量的階層式資料，易於呈現各部分與整體之間的佔比並以大小和色彩強調屬性，在此要呈現各職業類別中男、女顧客數佔比。

Step 1 建立樹狀圖

資料表中，顧客 **職業類別** 包含：金融業和房地產、住宿和餐飲業、農林牧漁業、教育體育文化、其他，使用 **職業類別** 與 **顧客編號** 資料呈現出各職業類別顧客數。

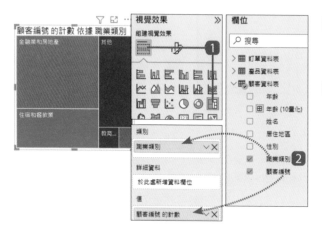

❶ 新增頁面，於第 4 頁 **視覺效果** 窗格選按 ▦ \ ▤ **樹狀圖**。

❷ 配置欄位：

類別 欄配置 **顧客資料表 \ 職業類別** 欄位。

值 欄配置 **顧客資料表 \ 顧客編號** 欄位 (會自動轉換為計數)。

Step 2 為樹狀圖加入詳細資料

樹狀圖中除了群組與值的呈現，還可以在群組中標註詳細資料，在此標註顧客 "性別"，區分出各職業類別色塊中的男、女顧客數量。

❶ 選取視覺效果物件。

❷ 配置欄位：

詳細資料 欄配置 **顧客資料表 \ 性別** 欄位。

可以看到樹狀圖各色彩區塊依性別佔比切割呈現。

調整視覺化格式

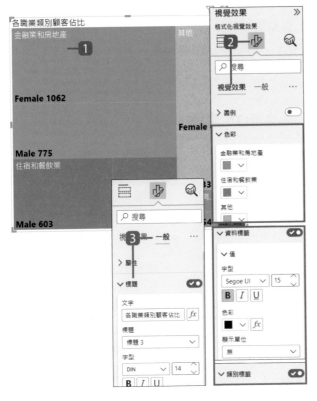

1 選取視覺效果物件，先適當的調整大小與位置。

2 於 **視覺效果** 窗格選按 \ **視覺效果** 調整格式：

色彩 區段，為各職業類別指定合適的色彩。

開啟 **資料標籤** 區段，設定 **顯示單位：無** 並設定相關格式。

開啟 **類別標籤** 區段，並設定相關格式。

3 **一般** \ **標題** 區段，輸入標題文字並設定相關格式。

Step 4 將值顯示為總計百分比並增加工具提示資訊

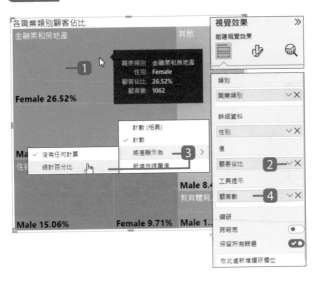

1 選取視覺效果物件

2 於 **視覺效果** 窗格選按 ▤，**值** 欄修改其顯示名稱為 **顧客佔比**，右側選按 ▾。

3 選按 **將值顯示為** \ **總計百分比**。

4 **工具提示** 欄配置 **顧客資料表** \ **顧客編號** 欄位，並修改其顯示名稱為 **顧客數**。

將滑鼠指標停留在視覺效果類別項目上，即會自動顯示其詳細資訊。

以 "矩陣" 列項顧客消費產品與明細

矩陣 和 **資料表** 視覺效果均類似表格，**資料表** 只支援二個維度，**矩陣** 可輕鬆地顯示多個維度、支援分層式的資料配置並啟用資料鑽研，在此藉由 **矩陣** 呈現依 **職業類別**、**性別** 與 **年齡(10 量化)** 分類整理的顧客消費產品與明細。

Step 1 建立矩陣

範例中，要以 **職業類別**、**性別** 與 **年齡(10 量化)** 為資料列，**產品類別** 為資料行，值則為 **小計**，整理與呈現矩陣視覺明細。

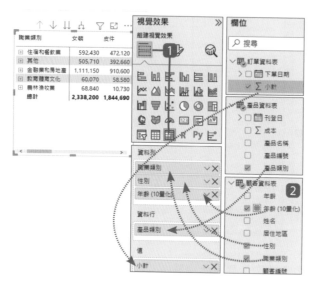

1. 新增頁面，於第 5 頁 **視覺效果** 窗格選按 📊、🔲 **矩陣**。

2. 配置欄位：

   資料列 欄配置 **顧客資料表 \ 職業類別、性別、年齡(10量化)** 欄位。

   資料行 欄配置 **產品資料表 \ 產品類別** 欄位。

   值 欄位配置 **訂單資料表 \ 小計** 欄位。

Step 2 調整視覺化格式

1. 選取視覺效果物件，先適當的調整大小與位置。

2. 於 **視覺效果** 窗格選按 🖌️ \ **視覺效果** 調整格式：

   樣式預設 區段，清單中選擇合適樣式套用。

   資料行標題、**資料列標題**、**值** 區段...等，可以調整文字與值的字級。

3. **一般 \ 標題** 區段，輸入標題文字並設定相關格式。

調整欄寬

若發現有些內容資料或表頭資料的長度大於欄位寬度,所以資料無法完整呈現,
可參考以下方式調整。

◀ **方法一**:將滑鼠指標移到要調整寬度的欄名
之間,待滑鼠指標呈 ↔ 狀,按滑鼠左鍵不放
拖曳到適當欄位的寬度後放開。

◀ **方法二**:將滑鼠指標移到要調整寬度的欄名
之間,待滑鼠指標呈 ↔ 狀,連按二下滑鼠左
鍵,欄位即會依內容自動調整寬度。

Step 4 **展開下一階層等級資料內容**

矩陣視覺效果僅會顯示資料列、資料行中指定的第一順位欄位,而第二或更多的
欄位則會依序整理在下一個層級中,需手動展開才能看到。

▲ 若要展開下一個層級,資料列可選按項目左側 ⊞,資料行則需選按視覺效果
物件右上角 (或右下角) 的 ⏷ **向下一個階層等級展開全部** 圖示,若要恢復選
按 ⬆ **向上切入** 圖示。(資料鑽研方式操作與說明可參考 Part 6)

Step 5 **排序資料內容**

矩陣視覺效果內的資料,可以依據資料列第一層項目遞增、遞減排序。

◀ 將滑鼠指標移至任一標
頭上,待出現 🔺 或 🔻
時,選按該鈕即可依據該
欄位資料遞增、遞減切換
排序。

以 "卡片"、"多列卡片" 呈現重要數據

報表中有時需要追蹤一組重要數據，例如：總訂單數、銷售額、總商品數、總顧客數、市佔率...等。這時可運用 **卡片** 與 **多列卡片** 視覺效果呈現。

Step 1 建立卡片

卡片 只能呈現一個欄位的資料項目，在此使用 **顧客編號** 的資料呈現出公司目前的顧客總數。

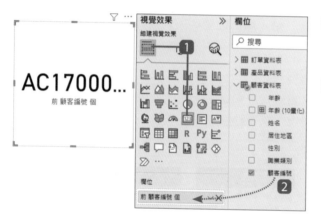

1. 新增頁面，於第 6 頁 **視覺效果** 窗格選按 圖 \ 123 **卡片**。

2. 配置欄位：

   欄位 欄配置 **顧客資料表 \ 顧客編號** 欄位。

Step 2 調整為 "計數"

卡片要呈現的是顧客總數而不是預設的第一位顧客編號，因此將 **顧客編號** 欄位的內容調整為 **計數** (即資料筆數)。

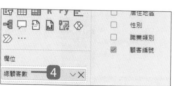

1. 選取視覺效果物件。

2. 於 **視覺效果** 窗格選按 圖

3. **顧客編號** 右側選按 ⌄ \ **計數**。(因為顧客編號不會有重覆，選擇 **計數 (相異)** 或 **計數** 出現的值都是一樣。)

4. 修改 **顧客編號的計數** 顯示名稱為 **總顧客數**。

1 選取視覺效果物件，先適當的調整大小與位置。

2 於 **視覺效果** 窗格選按 ⚡ \ **視覺效果** 調整格式：

圖說文字值、**類別標籤** 區段，調整合適的文字大小並設定相關格式。

Step 4 建立多列卡片

多列卡片 可以呈現多個欄位的資料項目，而指定的先後順序會影響資料項目在卡片上的先、後順序。在此使用 **居住地區** 為主要分類，搭配 **顧客編號** 計數與 **小計** 加總的資料。

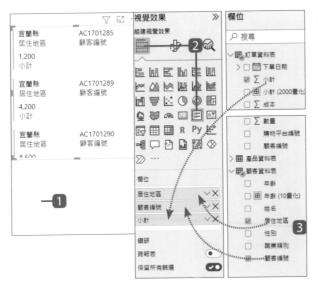

1 同樣於第 6 頁，先按一下頁面空白處，取消目前視覺效果物件的選取。

2 於 **視覺效果** 窗格選按 ▦ \ ▦ 多列卡片。

3 配置欄位：

欄位 欄依序配置 **顧客資料表** \ **居住地區**、**顧客編號**，**訂單資料表** \ **小計** 三個欄位。

Step 5 調整欄位計算方式

卡片要呈現的是依地區統計的顧客總數與消費總金額，因此要將 **顧客編號** 欄位的內容調整為 **計數** 計算，**小計** 欄位的內容調整為 **加總** 計算。

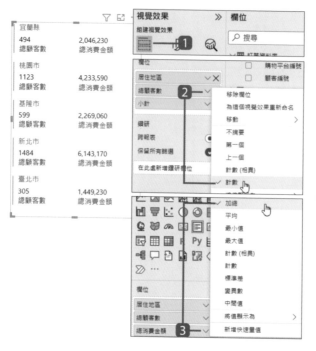

1. 於 **視覺效果** 窗格選按 ▦。

2. 於 **顧客編號** 右側選按 ☑ \ **計數**，修改顯示名稱為 **總顧客數**。

3. 於 **小計** 右側選按 ☑ \ **加總**，修改顯示名稱為 **總消費金額**。

Step 6 調整視覺化格式

1. 選取視覺效果物件，先適當的調整大小與位置。

2. 於 **視覺效果** 窗格選按 ▨ \ **視覺效果** 調整格式：

   圖說文字值、**類別標籤** 區段，調整合適的文字大小並設定相關格式。

   卡片 區段，可設計標題文字、線條色彩、背景樣式以及強調線。

Step 7 | 加上千位分隔符號

若資料標籤的值代表金額，可以為資料數值加上千位分隔符號以方便瀏覽。

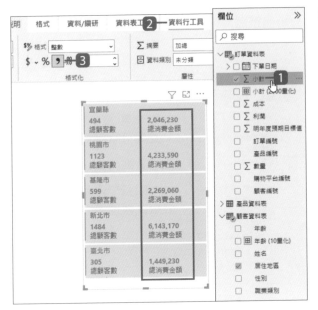

1. 於 **欄位** 窗格選按要加上千位分隔符號的欄位，在此選按 **訂單資料表 \ 小計** 欄位項目。

2. 選按 **資料行工具** 索引標籤。

3. 選按 ⑨ 套用。

以 "交叉分析篩選器" 篩選資料與圖表項目

於 Part 3 中有提到 **交叉分析篩選器** 的建立方式，整份報表中有了交叉分析篩選器即可快速又簡單的聚焦主題。在此 "顧客消費統計分析" 範例中要建立一個可以依顧客 **職業類別** 篩選的交叉分析篩選器。

Step 1 建立交叉分析篩選器

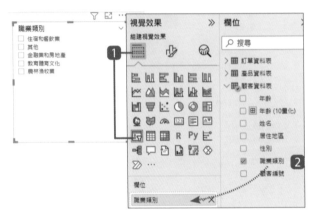

❶ 新增頁面，於第 7 頁 **視覺效果** 窗格選按 ▦ \ ▤ **交叉分析篩選器**。

❷ 配置欄位：

欄位 欄配置 **顧客資料表** \ **職業類別** 欄位。

Step 2 調整視覺化格式

❶ 選取視覺效果物件，先適當的調整大小與位置。

❷ 於 **視覺效果** 窗格選按 ⬇ \ **視覺效果** 調整格式：

交叉分析篩選器設定 \ **選取項目** 區段，如圖關閉三個項目 (關閉 **以 CTRL 進行多重選...** 即可直接多選項目)。

交叉分析篩選器標題 區段，調整合適的標題文字大小並設定相關格式。

值 區段，調整合適的項目文字大小並設定相關格式。

數據儀表板整合視覺效果並互動式分析

完成前面多個視覺效果設計，最後要將這些視覺效果整合到儀表板單一頁面，讓整份 "顧客消費統計分析" 報表可以呈現互動式視覺效果，並加上公司單位或報表表頭設計，更顯報表專業度，也能清楚地說明及分析。

Step 1　調整頁面名稱、底色與大小

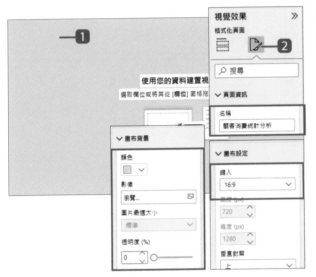

1 新增頁面：第 8 頁。

2 於 **視覺效果** 窗格選按 ▷ 調整頁面格式：

頁面資訊 區段，輸入合適的頁面名稱，會出現在頁面標籤上。

畫布設定 區段，可設定頁面的類型與寬、高，在此套用預設：**16:9**。

畫布背景 區段，可調整頁面背景色彩及透明度。

Step 2　設計報表表頭

1 選按 **插入** 索引標籤 \ **文字方塊**。

2 調整文字方塊物件的位置與大小，再於文字方塊內按一下滑鼠左鍵輸入表頭文字。

3 選取輸入的文字，可於工具列調整字型、文字大小、色彩、加粗...等。(右側 **格式** 窗格可調整該物件的標題、背景、邊界...等)

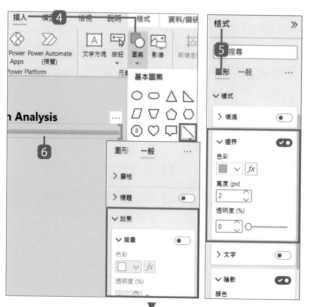

4. 選按 **插入** 索引標籤 \ **圖案** \ **線條**。

5. 於 **格式** 窗格調整形狀物件格式:

   圖形 \ **樣式** 區段,可調整線條色彩、粗細、陰影...等。

   一般 \ **效果** 區段,關閉 **背景**。

6. 拖曳調整形狀物件的位置與大小。

7. 選按 **插入** 索引標籤。

8. 選按 **影像**,進入圖片儲存路徑,選取要插入報表中的圖片檔,選按 **開啟** 鈕。

9. 調整影像物件的位置與大小。

Step 3 整合之前建立好的視覺效果

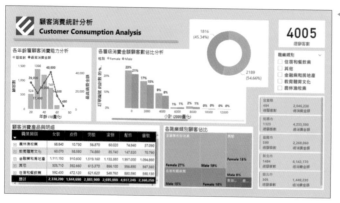

◀ 前面示範建立多個視覺效果,請至各頁面選取並複製(Ctrl + C 鍵) 設計好的視覺效果物件,再回到此頁面貼上(Ctrl + V 鍵) 並調整位置與大小與用字級,如左圖將視覺效果整合於此報表頁面。

(複製、貼上交叉分析篩選器物件時,若出現 **同步視覺效果** 訊息,在此選按 **不要同步** 鈕。)

整合到同一頁面上的多個視覺效果物件,要特別注意整體色彩的搭配,前面 Part 3 多次提到色彩搭配的原則,以下針對資料色彩、文字色彩、背景調整。

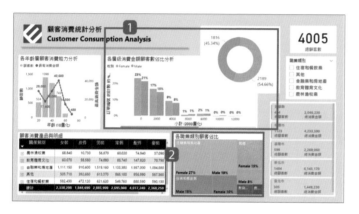

1️⃣ 此環圈圖與直條圖資料色彩均分別代表男、女性顧客,因此色彩需一致。

2️⃣ 此樹狀圖部份職業項目用色與代表男、女性顧客的色彩太過相似,需調整。

3️⃣ 除了右下角的多列卡片,其他視覺效果物件均關閉其 **背景** 項目,讓物件沒有背景色。

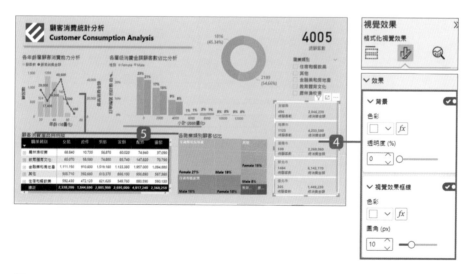

4️⃣ 選取多列卡片物件,設定 **背景**:白色;**視覺效果框線**:白色,**圓角**:10。

5️⃣ 如上圖可關閉部分視覺物件的圖表標題或 X、Y 軸標題,凸顯視覺化物件。

設計形狀背景

頁面背景設計為灰色，視覺效果上的文字與數據部分會看不清楚，也略顯凌亂，可運用色塊解決這樣的問題。

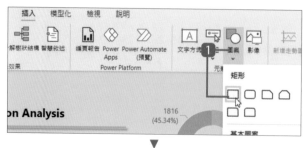

▼

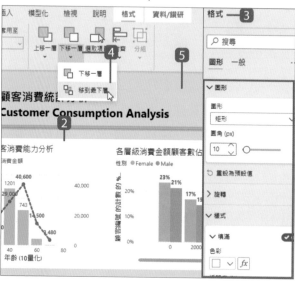

▼

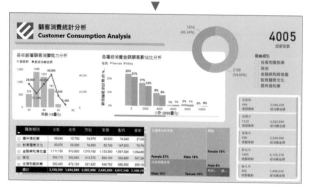

首先要設計一個白色圓角矩形色塊放置於上方二個直條圖下方：

❶ 選按 **插入** 索引標籤 \ **圖案** \ **矩形**。

❷ 先調整形狀物件的位置與大小。

❸ 於 **格式** 窗格調整形狀物件格式：

圖形 \ **圖形** 區段，**圓角**：「10 pt」。

圖形 \ **樣式** \ **填滿** 區段，**填滿色彩：白色、透明度**：「0%」。

圖形 \ **邊界** 區段，關閉。

一般 \ **效果** \ **背景** 區段，關閉。

❹ 將白色圓角矩形放置到最後方：選按 **格式** 索引標籤 \ **下移一層** \ **移到最下層**。

❺ 於頁面空白處按一下滑鼠左鍵，取消物件選取，這時重疊的物件即會依指定的上、下層順序呈現。

(當選取任一重疊擺放的物件時，該物件會立即呈現在最上層等待編輯。)

6 複製、貼上剛剛設計好的
白色圓角矩形物件,並如
左圖擺放以及調整位置與
大小。

7 再繪製一圓形物件,擺放
於右上角卡片物件下方。

Step 6 **最後細節調整**

報表上要呈現的內容已整合到此單一頁面,最後為每個物件調整到最合適的位
置、大小 (如下圖),並依整體設計調整各視覺效果格式或再加上文字、形狀物
件,加強視覺呈現與細部說明。

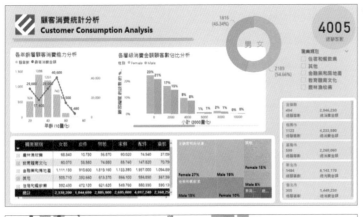

◀ 為環圈圖加上文
字方塊:男、女,
並依項目資料色
彩為文字上色。

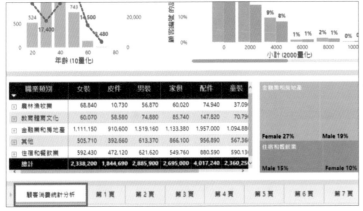

◀ 按住 "顧客消費統
計分析" 頁面標
籤,往前方拖曳,
將此標籤擺放到
"第1頁" 左側,
成為專案開啟的
第一頁。

2 零售業銷售與業績統計分析

堆疊橫條圖　交叉分析篩選器　區域分佈圖　地圖　矩陣　卡片　多列卡片

● 範例分析

延續前一個範例，再取得 <零售業銷售-主題式.xlsx> 中 **購物平台** 資料表，以及 <公司業務資料.xlsx> 與 <對照表.xlsx> 中的相關資料，先關聯資料表再依預計分析的行為模式套用各式視覺效果設計，快速了解各地區銷售狀況並解析年度業務績效。

此份報表預計透過大數據發掘的行為模式：

· 下單日期與銷售數據的關係 (年份、月份、星期)。

· 統計各年地區、業務、產品類別銷售金額

· 比較各地區顧客數與銷售金額佔比。

· 各地區業務業績與產品類別銷售金額解析。

· 各地區購物平台銷售金額與數量統計...等狀況。

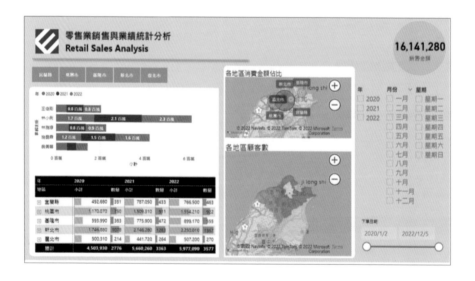

取得更多資料表

開啟範例 <5-02.pbix>，專案中有前面示範的視覺化物件以及 **訂單資料表**、**顧客資料表** 與 **產品資料表** 三份資料表，接著取得後續練習需要的多個資料表。

① 選按 **常用** \ **取得資料**，取得 <C:\ACI036700附書範例 \ 零售業銷售-主題式.xlsx> 檔案中的 **購物平台資料表** 資料表。

② 選按 **常用** \ **取得資料**，取得 <C:\ACI036700附書範例 \ 公司業務資料.xlsx> 檔案中的 **業務別資料表** 資料表

③ 選按 **常用** \ **取得資料**，取得 <C:\ACI036700附書範例 \ 對照表.xlsx> 檔案中的 **地區對照表**、**星期對照表**、**月份對照表** 三份資料表

取得日期的月份、星期名稱

範例中要應用月份與星期名稱對照表協助中文月份和星期名稱的排序，因此需要先以 **訂單資料表** 資料表 **下單日期** 產生相關月份與星期名稱資料，才能於後續進行關聯。

① 選按 **常用** 索引標籤，再選按 **轉換資料** \ **轉換資料** 進入 **Power Query** 編輯器。

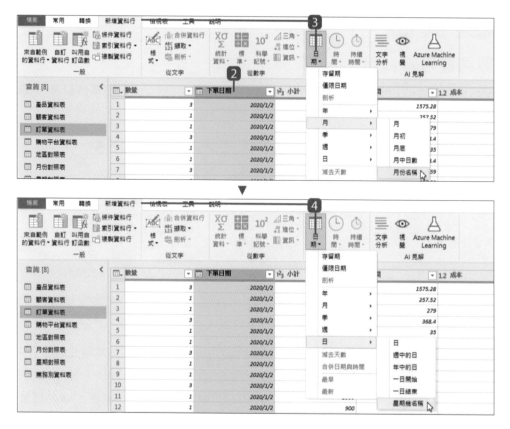

2 選取 **訂單資料表** 的 **下單日期** 資料行。

3 選按 **新增資料行** 索引標籤 **日期 \ 月 \ 月份名稱**，會於資料表最右側資料行新增 **月份名稱** 資料行。

4 選按 **新增資料行** 索引標籤 **日期 \ 日 \ 星期幾名稱**，會於資料表最右側資料行新增 **星期幾名稱** 資料行。

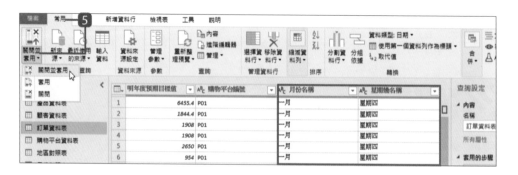

5 選按 **常用** 索引標籤 **關閉並套用 \ 關閉並套用** 回到主頁面。

關聯資料表

完成前面資料表取得與相關準備工作，開始確認與著手關聯資料表：

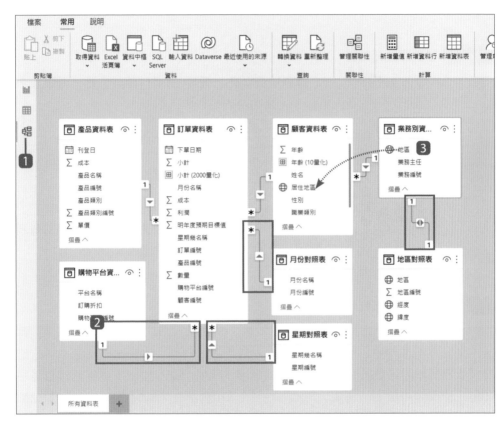

1. 切換至 <kbd>模型</kbd> 檢視模式，先拖曳各資料表名稱，如上圖擺放。

2. 剛剛取得的資料表，已自動感應到關聯：
   訂單資料表 ＼ 月份名稱 相對 **月份對照表 ＼ 月份名稱**。
   訂單資料表 ＼ 星期幾名稱 相對 **星期對照表 ＼ 星期幾名稱**。
   訂單資料表 ＼ 購物平台編號 相對 **購物平台資料表 ＼ 購物平台編號**。
   業務別資料表 ＼ 地區 相對 **地區對照表 ＼ 地區**。

3. 由於欄位名稱不相同，無法自動關聯，手動拖曳 **業務別資料表 ＼ 地區** 至 **顧客資料表 ＼ 居住地區** 上放開，產生關聯。

以 "區域分佈圖" 呈現各地區顧客數

視覺效果類型中有二種地圖式呈現：**區域分佈圖** 與 **地圖**，是在地圖上顯示量化資訊最合適的類型，**區域分佈圖** 可以於資料所在地區依數值填滿色彩。

Step 1 建立區域分佈圖

切換至 📊 **報告** 檢視模式，以 **業務別資料表 \ 地區** 的資料標註位置，再以顧客數呈現色彩濃度，深色為人數較多、淺色為人數較少的區域。

1️⃣ 新增頁面。於第 8 頁 **視覺效果** 窗格選按 🗔 \ 🗺 **區域分佈圖**。

2️⃣ 配置欄位：

位置 欄配置 **業務別資料表 \ 地區** 欄位。

Step 2 縣市、省市資料類別設定

若視覺效果物件上方出現警告圖示 ⓘ，表示目前無法藉由 **位置** 欄的資料內容辨識出地區，例如使用 "華盛頓" 可能是州或行政區名稱。解決此問題的一個方法是將該欄資料內容重新整理為更具體的名稱，例如 "華盛頓州"；另一個方法是手動指定該資料的類別，例如：地址、州別、縣市...等，在此示範指定資料類別的方式。

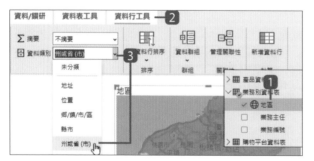

1️⃣ 於 **欄位** 窗格選取 **業務別資料表 \ 地區** 欄位。

2️⃣ 選按 **資料行工具** 索引標籤。

3️⃣ 選按 **資料類別**，接著依資料內容指定合適的類別，在此選按 **州或省(市)**。

T I P S

地圖圖資權限設定

建立 **區域分佈圖** 與 **地圖** 視覺化圖表時，若出現權限設定要求訊息，選按 **檔案 \ 選項及設定**，再於 **安全性** 核選 **使用地圖及區域分布圖視覺效果** 項目。

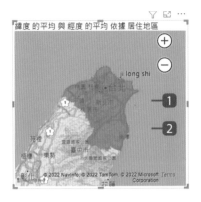

1 選取視覺效果物件，先適當的調整大小與位置。

2 將滑鼠指標移至地圖上，滾動滑鼠滾輪可以縮放地圖，按住滑鼠左鍵不放拖曳可以調整可視區域。

3 於 **視覺效果** 窗格選按 🖉 \ **視覺效果** 調整格式：

地圖設定 \ 控制項 區段：若後續於儀表板互動時希望不要更動可視區或縮放，可關閉 **自動縮放** 項目。

開啟 **縮放按鈕** 項目，可於地圖上方出現 **+** 、 **一** 縮放按鈕。

Step 4 調整標題與樣式

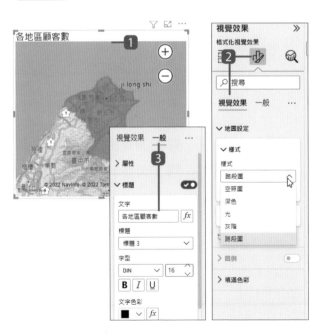

1 選取視覺效果物件。

2 於 **視覺效果** 窗格選按 🖉 \ **視覺效果** 調整格式：

地圖樣式 區段，選擇合適的樣式套用。

3 **一般 \ 標題** 區段，輸入標題文字並設定相關格式。

Step 5 依數量呈現資料色彩

1 選取視覺效果物件。

2 於 **視覺效果** 窗格選按 \ **視覺效果** 調整格式：

填滿色彩 \ **色彩** 區段，選按 **預設** 右側 f_x 圖示。

3 於 **預設色彩** 對話方塊設定 **格式化依據：漸層**，我們應該以哪個欄位為基礎：**顧客資料表** \ **顧客編號**、摘要：**計數**。

4 調整合適的 **最小值**、**最大值** 色彩(建議最小值用較淡的色彩而最大值可用較深的色彩)，再選按 **確定** 鈕。

Step 6 調整工具提示資訊

1 於 **視覺效果** 窗格選按 。

2 **工具提示** 欄配置 **顧客資料表** \ **顧客編號** 欄位，並選按其右側 設定為 **計數**，修改其顯示名稱為 **顧客數**。

以 "地圖" 呈現各地區消費金額佔比

地圖 會在指定地理位置以泡泡大小呈現資料數值的量。

Step 1 **建立地圖**

以 **業務別資料表 \ 地區** 的資料標註位置,再以 **小計** 的加總呈現泡泡大小。

1. 同樣於第 8 頁,先按一下頁面空白處,再於 **視覺效果** 窗格選按 圖 \ 地圖。

2. 配置欄位:

   位置 欄配置 **業務別資料表 \ 地區** 欄位。

   泡泡大小 欄配置 **訂單資料表 \ 小計** 欄位。

3. 適當的調整大小與位置。

Step 2 **經、緯度提昇識別準確性**

由於地圖視覺效果是透過網路取得地圖圖資對應呈現,如果 **位置** 欄中配置中文資料,有可能發生無法正確辨別的狀況,這時可以取得位置的經、緯度值,加強地圖圖資辨別度。

1. 選取視覺效果物件,配置欄位:

   緯度 欄配置 **地區對照表 \ 緯度** 欄位。

   經度 欄配置 **地區對照表 \ 經度** 欄位。

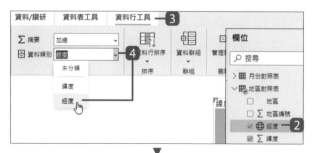

2 於 **欄位** 窗格選取 **地區對照表 \ 經度** 欄位。

3 選按 **資料行工具** 索引標籤。

4 選按 **資料類別 \ 經度**。

5 於 **欄位** 窗格選取 **地區對照表 \ 緯度** 欄位。

6 選按 **資料行工具** 索引標籤。

7 選按 **資料類別 \ 緯度**。

TIPS

使用經度和緯度資料提高位置識別的準確性

區域分佈圖 與 **地圖** 視覺效果，能接受的位置資料很多元化，從城市名稱、機場代碼、緯度和經度資料…等均可。使用國家或地區時盡量使用全名，但若是該縣市或省市名稱在其他國家有相同的名稱而無法正確識別時，可以使用經、緯度。

Step 3 調整泡泡縮放與標籤

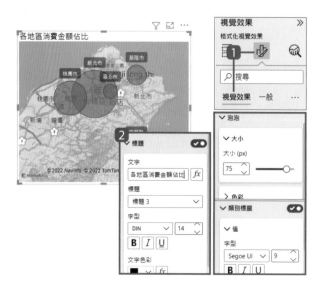

1 選取視覺效果物件，於 **視覺效果** 窗格選按 🖌 \ **視覺效果** 調整格式：

（大部份格式設定與 **區域分佈圖** 相以，在此列項較不一樣的項目。）

泡泡區段 區段，可調整色彩以及等比例縮放。

開啟 **類別標籤** 區段，可於每個泡泡旁標註類別，並設定合適格式。

2 **一般 \ 標題** 區段，輸入標題文字並設定相關格式。

Step 4 調整視覺化格式

1 選取視覺效果物件。

2 於 **視覺效果** 窗格選按 ⏸ \ **視覺效果** 調整格式：

泡泡 \ 色彩 區段，選按 *fx* 圖示。

3 於 **預設色彩** 對話方塊設定 **格式化依據：漸層**，我們應該以哪個欄位為基礎：**訂單資料表 \ 小計**、**摘要：加總**。

4 調整合適的 **最小值**、**最大值** 色彩(建議最小值用較淡的色彩而最大值可用較深的色彩)，再選按 **確定** 鈕。

Step 5 調整工具提示資訊、值以總計百分比顯示

1 於 **視覺效果** 窗格選按 ▤。

2 於 **緯度**、**經度**、**泡泡大小** 欄修改其顯示名稱為 **緯度**、**經度**、**消費金額佔比**。

3 選按 **泡泡大小** 欄 **消費金額佔比** 右側 ⌄ 設定 **將值顯示為 \ 總計百分比**。

以 "交叉分析篩選器" 建立日期相關篩選應用

交叉分析篩選器可以讓日期資料有更多樣的呈現，此範例要藉由事先整理好的 **星期對照表、月份對照表** 資料表，建立可以依日期區段、年、月、星期篩選的交叉分析篩選器。

Step 1　建立 "日期區段" 交叉分析篩選器

日期區段交叉分析篩選器，可以篩選指定區段的之間、之前、之後，甚至精準的指定某一天的內容。

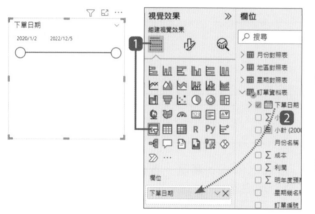

1 新增頁面，於第 9 頁 **視覺效果** 窗格選按 ▦ \ ▤ **交叉分析篩選器**。

2 配置欄位：

　欄位 欄配置 **訂單資料表 \ 下單日期** 欄位。

3 先適當的調整大小與位置，再於 **視覺效果** 窗格選按 🗓 調整相關格式。

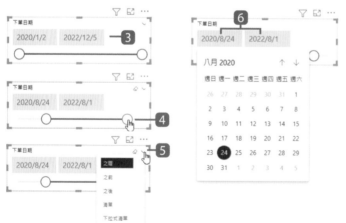

4 直接拖曳開始、結束控點，可指定日期區段。

5 選按右上角的 ⌄，可於清單中選按 **之間、之前、之後、清單、下拉式清單**，調整日期交叉分析篩選器的篩選方式。

6 選按起始日期或結束日期欄位，可先挑選月份、年份，再於日曆中指定日期。

同樣是使用 **訂單資料表 \ 下單日期** 欄位,要設計可依年份、季度、月份來篩選資料數據的清單式交叉分析篩選器。

1 於第 9 頁,先按一下頁面空白處,取消其他視覺效果物件的選取。

2 於 **視覺效果** 窗格選按 圖 \ 圖 **交叉分析篩選器**。

3 配置欄位:

  欄位 欄配置 **訂單資料表 \ 下單日期** 欄位。

4 於 **欄位 \ 下單日期** 右側選按 ☑ \ **日期階層**,可以看到交叉分析篩選器已改成以年份清單呈現。

5 適當的調整大小與位置。

6 於 **視覺效果** 窗格選按 ☑ \ **視覺效果** 調整格式:

  交叉分析篩選器設定 \ 選取項目 區段,關閉 **單一選取**、**以 CTRL 進行多重選取** (即可多選)。

  交叉分析篩選器標題、值 區段,調整字級。

7 於交叉分析篩選器年份項目右側選按 ☑ 會展開季度項目,相同方式可依序展開月份、日期項目。(選按 ☑ 可收合項目)

(若僅需要 "年" 項目,可於 **欄位** 刪除 **季、月、日** 階層項目)

使用 **月份對照表** 資料表 \ **月份名稱** 欄位設計月份名稱交叉分析篩選器,由於月份名稱是中文字,會依首字筆劃排序,最後再透過 **月份對照表** 資料表指定月份名稱的文字排序。

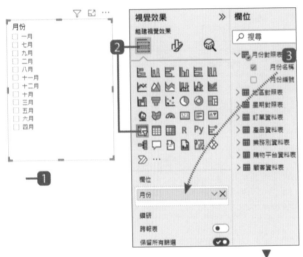

1. 同樣於第 9 頁,先按一下頁面空白處,取消其他視覺效果物件的選取。

2. 於 **視覺效果** 窗格選按 ▦ \ ▣ **交叉分析篩選器**。

3. 配置欄位:

   欄位 欄配置 **月份對照表** \ **月份名稱** 欄位,並修改顯示名稱為:「月份」。

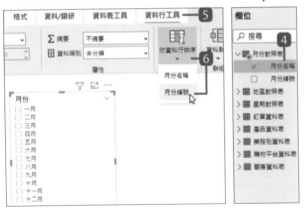

4. 於 **欄位** 窗格選取 **月份對照表** \ **月份名稱** 欄位。

5. 選按 **資料行工具** 索引標籤。

6. 選按 **依資料行排序** \ **月份編號**,會看到月份清單由一月、二月、三月...十二月依序列項。

   (月份名稱已依 **月份編號** 欄位相對應的數值排序,切換到 ▦ **資料** 檢視模式可以瀏覽 **月份名稱** 與 **月份編號** 欄位的對應)

使用 **星期對照表** 資料表 \ **星期幾名稱** 欄位設計星期交叉分析篩選器,由於星期名稱是中文字,會依首字筆劃排序,最後再透過 **星期對照表** 資料表指定星期名稱的文字排序。

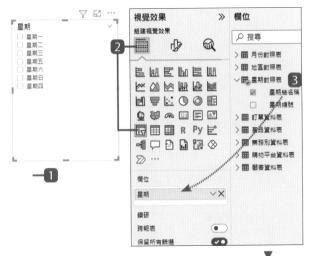

1️⃣ 同樣於第 9 頁,先按一下頁面空白處,取消其他視覺效果物件的選取。

2️⃣ 於 **視覺效果** 窗格選按 ▦ \ 🔲 **交叉分析篩選器**。

3️⃣ 配置欄位:

欄位 欄配置 **星期對照表** \ **星期幾名稱** 欄位,並修改顯示名稱為:「星期」。

4️⃣ 於 **欄位** 窗格選取 **星期對照表** \ **星期幾名稱** 欄位。

5️⃣ 選按 **資料行工具** 索引標籤。

6️⃣ 選按 **依資料行排序** \ **星期編號**,會看到星期清單由星期一、星期二、星期三...星期日依序列項。

(星期名稱已依 **星期編號** 欄位相對應的數值排序,切換到 ▦ **資料** 檢視模式可以瀏覽 **星期幾名稱** 與 **星期編號** 欄位的對應)

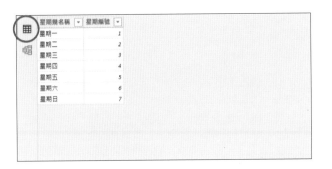

以 "堆疊橫條圖" 鑽研分析多個因素的各年銷售金額

堆疊橫條圖 適合強調一或多個資料數列的分類項目與數值比較狀況，以 地區、業務主任、產品類別 這三個因素分析各年銷售金額。

Step 1　建立堆疊橫條圖

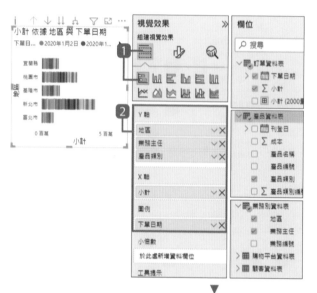

1 新增頁面，於第 10 頁 視覺效果 窗格選按 ▦、▦ 堆疊橫條圖。

2 配置欄位：

Y 軸 欄配置 業務別資料表\地區、業務主任，產品資料表\產品類別 三欄位。

X 軸 欄配置 訂單資料表\小計 欄位。

圖例 欄配置 訂單資料表\下單日期 欄位。

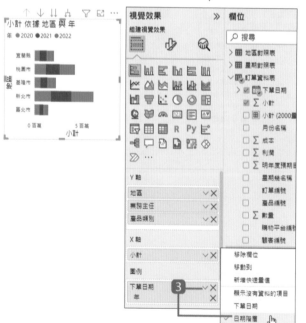

3 於 圖例\下單日期 右側選按 ✓\日期階層，改成以年份呈現。

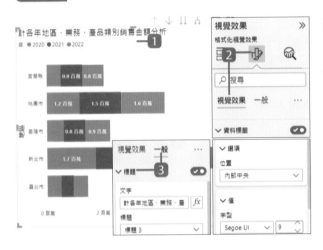

1 選取視覺效果物件，先適當的調整大小與位置。

2 於 **視覺效果** 窗格選按 🔽\ **視覺效果** 調整格式：

開啟 **資料標籤** 區段，設定 **位置：內部中央**、**色彩：白**，並設定相關格式。

3 **一般 \ 標題** 區段，輸入標題文字並設定相關格式。

Step 3 展開下一階層等級的資料內容

以資料鑽研的方式，展開軸的下一個等級，即可由目前的依 "地區" 銷售統計資料切換至依 "業務主任" 分析；再切換至依 "產品類別" 分析。

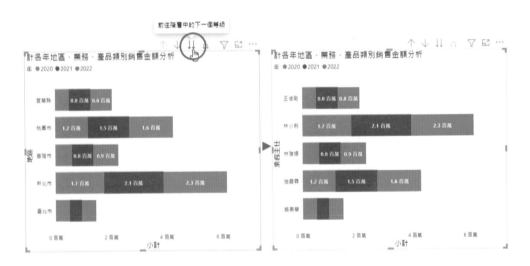

▲ 選按視覺效果物件右上角 (或右下角) 的 ⇊ 圖示可前往下一個等級 (會依序呈現 "地區"、"業務"、"產品類別" 統計值)，若要恢復選按 ⬆ 圖示。(更多資料鑽研方式的說明可參考 Part 6)

以 "矩陣" 鑽研比較各地區購物平台的銷售狀況

應用 **矩陣** 資料列與資料行可多層級呈現的特性，比較各地區購物平台銷售狀況。

Step 1　建立矩陣

範例中，矩陣安排以 **地區** 與 **平台名稱** 為資料列，**下單日期** 為資料行，值則為 **小計** 與 **數量**，以多層級的方式呈現。

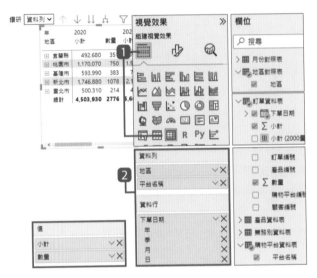

1. 新增頁面，於第 11 頁 **視覺效果** 窗格選按 📊 \ 🔳 **矩陣**。

2. 配置欄位：

   資料列 欄配置 **地區對照表 \ 地區** 欄位、**購物平台資料表 \ 平台名稱** 欄位。

   資料行 欄配置 **訂單資料表 \ 下單日期** 欄位。

   值 欄位配置 **訂單資料表 \ 小計** 欄位、**訂單資料表 \ 數量** 欄位。

Step 2　調整視覺化格式

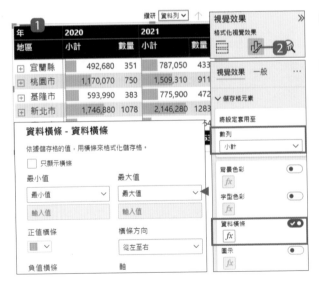

1. 選取視覺效果物件，先適當的調整大小與位置。

2. 於 **視覺效果** 窗格選按 🖌 \ **視覺效果** 調整格式：

   自行套用合適的樣式、文字、值、格線與底色...等格式。

   儲存格元素 區段，**數列** 選擇 **小計**，開啟 **資料橫條**，預設為藍色。選按 ƒx 圖示，可以調整資料橫條顯示條件與色彩。

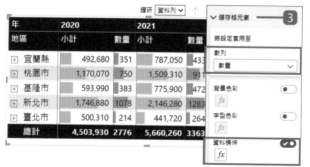

3 **儲存格元素** 區段，**數列** 選擇 **數量**，開啟 **資料橫條**，預設為藍色。選按 fx 可以調整資料橫條顯示條件與色彩。

展開下一階層等級的資料內容

以資料鑽研的方式，展開資料行、資料列的下一個層級，即可由目前的依 "地區" 銷售統計資料切換至依 "銷售平台"；或由資料行依 "下單日期" 的年、季、月、日 層級展開分析。

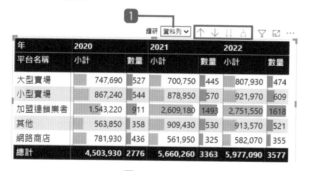

1 於視覺效果物件右上角 (或右下角) 鑽研控制列，選按 **資料列**，切換成資料列鑽研。

再選按 ⟱ 圖示可前往下一個等級，若要恢復選按 ↑ 圖示。

2 於視覺效果物件右上角 (或右下角) 鑽研控制列，選按 **資料行**，切換成資料行鑽研。

再選按 ⟱ 圖示可前往下一個等級，若要恢復選按 ↑ 圖示。(更多資料鑽研方式的說明可參考 Part 6)

數據儀表板整合視覺效果並互動式分析

完成前面多個視覺效果設計，最後要將這些視覺效果整合到儀表板單一頁面，依循前一個主題範例的方式完成這份 "零售業銷售與業績統計分析" 報表。

Step 1 調整頁面名稱、底色與大小

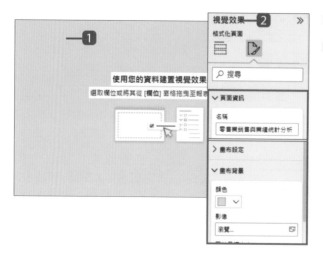

1 新增頁面：第 12 頁。

2 於 **視覺效果** 窗格選按 \ **視覺效果** 調整格式：

頁面資訊 區段，輸入合適的頁面名稱，會出現在頁面標籤。

頁面設定 區段，可設定頁面的類型與寬、高，在此套用預設：**16:9**。

頁面背景 區段，可調整頁面背景色彩及透明度。

Step 2 整合報表視覺化設計

以複製、貼上的方式，將各頁面製作好的視覺效果整合於此頁面中，並調整位置與大小，也可再添加 **卡片**、**交叉分析篩選器**...等物件，提升報表完整性。

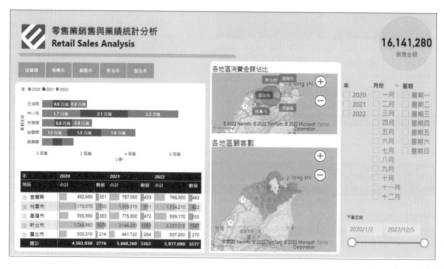

3 設計包含跳頁按鈕的儀表板主選單

希望在報告時能於主選單引導至各主題報表頁面,可於第一頁設計包含跳頁按鈕的主選單,當按下跳頁按鈕會切換至指定的報表頁面。

Step 1 為各頁面加上書籤

1 選按 **檢視** 索引標籤,選按 **書籤** (會於右側開啟 **書籤** 窗格)。

2 選按 **主選單** 頁面。

3 於右側 **書籤** 窗格選按 **新增**,新增 **書籤1**,接著於 **書籤1** 連按二下滑鼠左鍵將其更名為「主選單」。

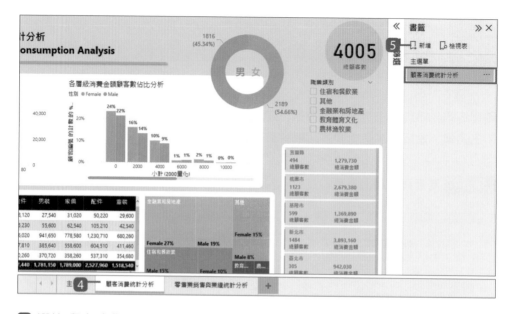

4️⃣ 選按 **顧客消費統計分析** 頁面。

5️⃣ 於右側 **書籤** 窗格選按 **新增**，新增 **書籤2**，更名為「顧客消費統計分析」。

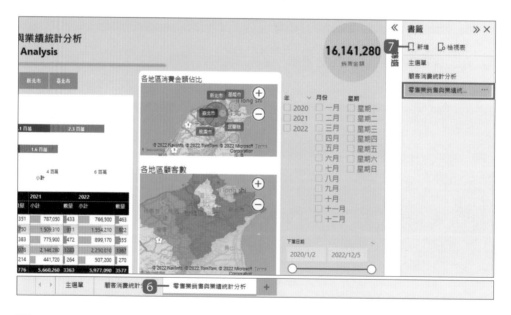

6️⃣ 選按 **零售業銷售與業績統計分析** 頁面。

7️⃣ 於右側 **書籤** 窗格選按 **新增**，新增 **書籤3**，更名為「零售業銷售與業績統計分析」。

文字物件無法指定跳到書籤的動作，因此要設計一個透明形狀覆蓋在文字上方，變成可以指定動作的感應區。(按 Ctrl 鍵再按感應物件可以執行指定的動作，若上傳至 Power BI Pro 轉換為 HTML 網頁格式時則可直接選按感應物件。)

1. 選按 **插入** 索引標籤 \ **圖案** \ **矩形**。

2. 選取畫面中的矩形形狀物件，拖曳至第一個文字標題上方並調整物件大小。

3. 於 **格式** 窗格調整：

    關閉 **圖形** \ **填滿** 區段。
    關閉 **圖形** \ **邊界** 區段。
    關閉 **一般** \ **效果** \ **背景** 區段。

    圖形 \ **動作** \ **動作** 區段，鍵入：書籤，
    書籤：顧客消費統計分析。

4. 選按 Ctrl + C 鍵，複製此透明形狀感應
   區物件。

⑤ 選按 Ctrl + V 鍵，貼上透明形狀感應區物件。再拖曳至第二個文字標題上方並調整物件大小。

⑥ 於 **圖形 \ 動作 \ 動作** 區段，設定 **鍵入：書籤，書籤：零售業銷售與業績統計分析**。

Step 3 **選取影像、形狀 / 跳回主選單**

最後分別於 **顧客消費統計分析、零售業銷售與業績統計分析** 頁面選取合適的影像、形狀或再繪製其他形狀物件，並於 **格式** 窗格開啟 **動作** 區段，並指定動作為回到 **主選單** 書籤。

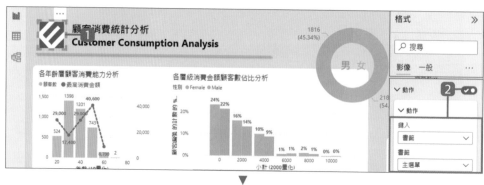

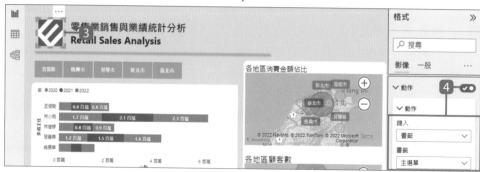

資料探索與 Dax 應用

針對資料排序、篩選、鑽研、查看詳細記錄、自動分析與
解讀...等功能完整說明,並藉由 DAX 語言新增資料行與
量值建立資料數據的進一步應用,體驗多元化資料探索。

30%

1 遞增與遞減排序

Power BI 視覺效果可以依指定欄位進行排序，強調所要傳達的資訊。

Step 1 指定排序依據欄位

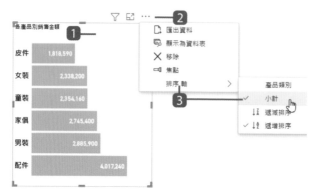

❶ 選取視覺效果物件。

❷ 選按右上角 ⋯。

❸ 選按 **排序軸 ＼ 小計**。(此處會列出該視覺效果物件有使用的欄位項目)

◀ 欄位項目左側有打勾圖示為目前排序依據。

Step 2 遞增、遞減排序切換

⇕ **遞增排序** 是依最小值到最大值的順序排列；⇅ **遞減排序** 是依最大值到最小值的順序排列。

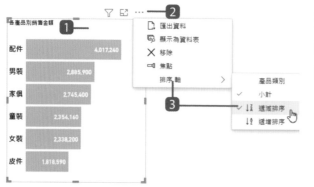

❶ 選取視覺效果物件。

❷ 選按右上角 ⋯。

❸ 選按 **遞減排序** 或 **遞增排序** 切換排序方式。

◀ 欄位項目左側有打勾圖示為目前排序依據。

T I P S

排序準則

· 文字資料 (遞增排序)：英文字母 (A-Z)、中文字 (首字筆劃少-多)。

· 日期／時間 (遞增排序)：序列值愈小的，也就是年月日數字愈小的排在前面。

· 數值資料 (遞增排序)：數字 (0-9)，數值愈小者排在愈前面。

2 自訂排序方式

文字資料排序，例如各縣市名稱、分店店名、產品名稱、月份名稱、星期名稱...等，預設會以文字的英文字母 (A-Z)、中文字 (首字筆劃少-多) 排序，如果想要自訂排序，可以先新增條件資料行再使用 **依資料行排序** 功能指定。

Step 1 新增條件資料行

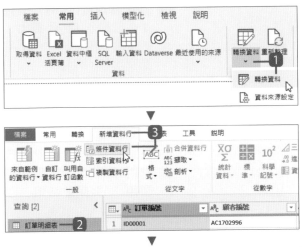

1. 選按 **常用** 索引標籤 \ **轉換資料** \ **轉換資料**。

2. 選取要進行新增條件資料行的查詢資料表。

3. 選按 **新增資料行** 索引標籤 \ **條件資料行**。

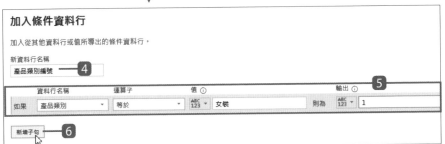

4. 輸入新資料行合適名稱。

5. 設定第一個條件，先指定 **資料行名稱：產品類別**，**運算子：等於**，**值** 輸入「女裝」，**輸出** 輸入「1」。(在此希望排序的順序為：女裝、男裝、童裝、配件、皮件、家俱)。

6. 選按 **新增子句 (新增規則)**。

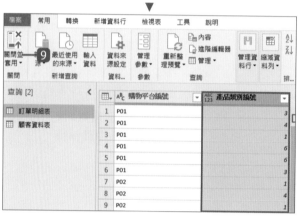

7 指定 **資料行名稱**、**運算子**，並輸入 **值** 與 **輸出**，如上圖依序完成其他產品類別項目的條件。

8 選按 **確定**。

9 資料表最右側多了一資料行，並依剛剛指定的名稱與條件呈現。選按 **常用** 索引標籤 \ **關閉並套用** \ **關閉並套用**，回到主畫面。

Step 2 指定排序依據

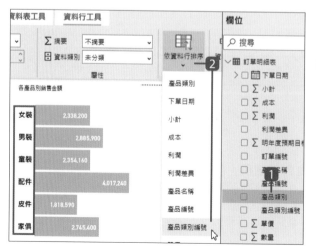

1 於 **欄位** 窗格選取 **訂單明細表** \ **產品類別** 欄位。

2 選按 **資料行工具** 索引標籤 \ **依資料行排序** \ **產品類別編號**。

（可看到頁面中視覺化物件已依指定的產品類別編號排序。）

3 視覺效果篩選

視覺效果篩選除了之前提到的 **交叉分析篩選器**，還可以使用 **篩選** 窗格指定欄位與自訂篩選。這種方式可以篩選指定的視覺效果物件、此頁面或所有頁面。

此視覺效果上的篩選

於 **篩選** 窗格中可以針對視覺效果中所使用的欄位進行篩選，在此要設定篩選出消費行為是女性顧客且金額大於且等於一百萬的相關銷售分析。

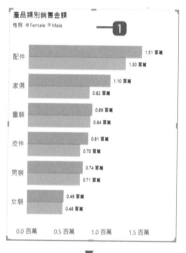

1 於第 1 頁，選取要進行篩選設定的視覺效果物件。

2 於 **篩選** 窗格，**此視覺效果上的篩選** 的 **性別** 項目右側選按 ⌄。

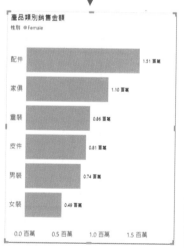

3 設定 **篩選類型**，在此選擇 **基本篩選**。

4 核選 **Female**，此時選取的視覺效果物件僅呈現銷售金額中女性顧客的相關數據。

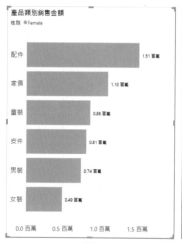

5 於 **篩選** 窗格，**此視覺效果上的篩選** 的 **小計 (2000 量化)** 項目右側選按 ☒。

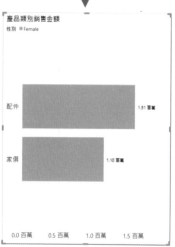

6 在其值如下時顯示項目 設定 **大於或等於、1000000**。

7 選按 **套用篩選**，此時選取的視覺效果物件僅呈現銷售金額中女性顧客消費且金額大於且等於一百萬的相關數據。

TIPS

清除篩選

若要清除 **篩選** 窗格設定，可以取消核選指的篩選欄位或選按篩選項目右側的 ☒。

此頁面與所有頁面上的篩選

此頁面上的篩選 可篩選目前頁面內所有視覺效果，**所有頁面上的篩選** 可篩選目前報表中所有頁面。這二個功能設定方式相似，只是要於 **篩選** 窗格相關區塊設定即可，在此示範 **此頁面上的篩選**。(先取消前面的篩選設定再進行下面練習)

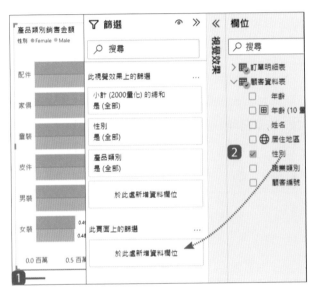

1 於第 1 頁，不選取任何視覺效果物件。

2 於 **篩選** 窗格，拖曳 **顧客資料表 \ 性別** 欄位項目至 **此頁面上的篩選** 區塊。

▼

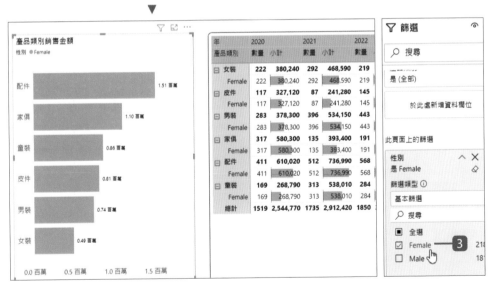

3 核選 **Female** 篩選項目，可看到此頁面所有視覺效果均僅顯示女性顧客相關的數據。(只要取消核選，或選按 **性別** 項目右側 ☒ 即可取消篩選。)

4 鑽研 (探索) 資料

完整的日期資料 (年、月、日) 在視覺效果中可以透過探索資料，向上、向下鑽研，顯示/展開其年、季、月和日各層級的值。

關於日期階層

Step 1 確認資料類型

切換至 ▦ **資料** 檢視模式，選按 **下單日期** 資料行，其中記錄了完整的日期資料：年 / 月 / 日，於 **資料行工具** 索引標籤確認其 **資料類型** 為 **日期** 資料類型。

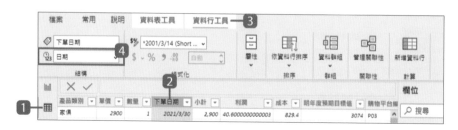

Step 2 將日期資料加入視覺效果

切換至 ▦ **報告** 檢視模式，範例檔中已建置如下視覺效果，也可於空白頁面配置 **下單日期** 與 **小計** 二個欄位，以直條圖分析 2020~2022 年銷售金額。當加入日期資料欄位，Power BI 會自動轉換為 **年**、**季**、**月** 和 **日** 四個層級：

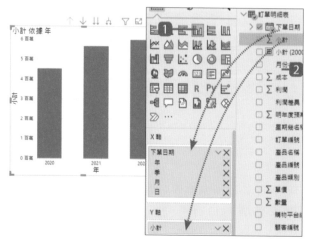

❶ 於第 1 頁 **視覺效果** 窗格選按 ▥ **群組直條圖**，再選按 ▦。

❷ 於 ▦ 配置欄位：

X 軸 欄配置 **下單日期** 欄位。(若未自動產生 **年**、**季**、**月**、**日** 四個層級，於 **X 軸** 欄 **下單日期** 右側選按 ∨，再選按 **日期階層**。)

Y 軸 欄配置 **小計** 欄位。

依日期向上和向下切入

資料鑽研中有 ↓ **向下切入** 與 ↑ **向上切入** 二個動作，↓ **向下切入** 可以由 **年** 層級選按任一年的數列進入到該年度的 **季** 層級，因此 **向下切入** 就是依年、季、月、日層級順序一一切入，而 **向上切入** 則是依日、月、季、年層級順序一一切回。

Step 1 **開啟 "切入" 模式 / 向下切入**

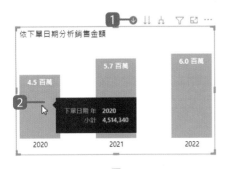

1 選按視覺效果物件右上角(或右下角)的 ↓ 圖示，待呈 ⬇ 圖示表示已啟用 **向下切入** 模式。

2 視覺效果預設會呈現在 **年** 層級，選按想要鑽研的年份資料數列，即可顯示 **季** 層級。

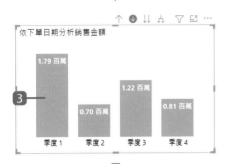

3 將滑鼠指標移至任一個資料數列上方會出現該數列的明細資料。再選按目前 **季** 層級中的任一個資料數列，即可顯示 **月** 層級。

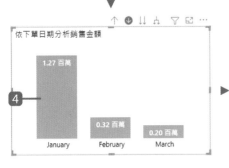 ▶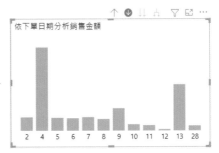

4 選按目前 **月** 層級中的任一個資料數列，即可顯示 **日** 層級。

向上切入

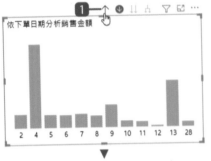

① 若目前於 **日** 層級，想要回到 **月**、**季**、**年** 層級，選按一下視覺效果物件右上角 (或右下角) 的 ↑ 圖示，可回到 **月** 層級。

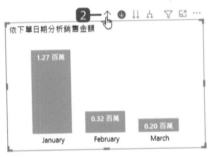

② 以此類推，每選按一下左上角的 ↑ 圖示，會往上一層級，最後回到預設的 **年** 層級。

Step 3 **關閉 "切入" 模式**

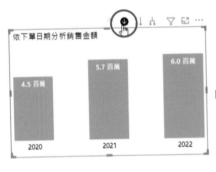

▲ 要停止 **向下切入** 鑽研，選按視覺效果物件右上角 (或右下角) 的 ⬇ 圖示，待呈 ↓ 圖示表示已關閉 **向下切入** 模式。

(關閉 **切入** 模式後若再選按任一資料數列，會呈現頁面的視覺效果互動而不再是資料鑽研。)

顯示日期下一個層級

資料鑽研的 ⎸⎸ **前往下一個層級** 動作，面對日期資料同樣可以依年、季、月、日層級鑽研資料數據，但與 **向上切入**、**向下切入** 效果不同，以 **年** 層級到 **季** 層級說明，⎸⎸ **前往下一個層級** 同樣切入 **季** 層級但不是某一年的，而是顯示所有年份該季的資料數據加總值。

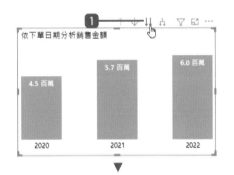

❶ 視覺效果預設會呈現在 **年** 層級，若要顯示下一個層級，選按視覺效果物件右上角 (或右下角) 的 ⎸⎸ 圖示。

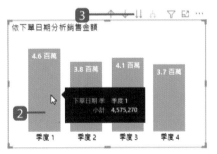

❷ 滑鼠指標移至 **季度 1** 資料數列上方會出現該數列的明細資料，目前的 **季度 1** 則是 2020 至 2022 年第一季數據加總的值。

❸ 再選按視覺效果物件右上角（或右下角）的 ⎸⎸ 圖示，即可顯示 **月** 層級。

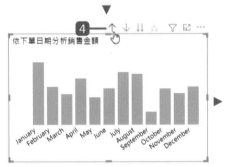
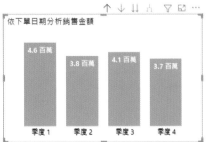

❹ 若要向上鑽研，可選按視覺效果物件右上角 (或右下角) 的 ↑ 圖示。

　　(每按一次會以日、月、季、年層級順序向上鑽研，最後回到預設的 **年** 層級。)

顯示日期下一個層級並展開全部

資料鑽研的 ![下] **向下一個層級展開全部** 動作，應用日期資料同樣可以依年、季、月、日層級鑽研資料數據，呈現的方式是將第一個層級至目前層級的資料全部展開，例如：年季、年季月、年季月日，而不是呈現某一季或某一年。

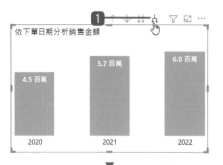

1 視覺效果預設會呈現在 **年** 層級，若要顯示下一個層級並展開全部，選按視覺效果物件右上角（或右下角）的 ![下] 圖示。

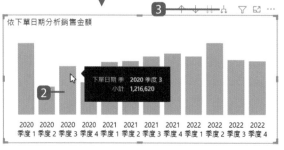

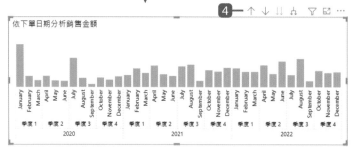

2 將滑鼠指標移至 **2020 季度 3** 資料數列上方會出現該數列的明細資料，是該年該季度數據的值。

3 再選按視覺效果物件右上角（或右下角）的 ![下] 圖示，即可顯示到 **月** 層級並展開全部。

4 若要向上鑽研，可選按視覺效果物件右上角（或右下角）的 ![上] 圖示。

（每按一次會以日、月、季、年層級順序向上鑽研，最後回到預設的 **年** 層級。）

範例檔：6-05.pbix

5 鑽研 (探索) 自定階層關係的資料

資料鑽研除了應用在日期資料，以日期階層呈現視覺效果，也可以手動建立階層。範例中要建立包含 **產品類別**、**性別**、**職業類別** 三欄資料的階層，如此即可探索各產品類別男性與女性顧客產生的利潤以及各職業類別條件的影響...等，快速取得隱藏在數據中的訊息與商機。

Step 1 目前的欄位配置

所有的視覺效果都可以依自定階層關係探索資料，範例中要透過 **矩陣** 視覺效果來說明，一開始已依以下說明配置了 **資料列**、**資料行**、**值** 中的欄位：

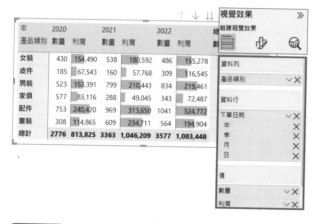

◀ 於 **視覺效果** 窗格選按 ▦，配置欄位：

資料列 配置 **產品類別** 欄位，**資料行** 配置 **下單日期** 欄位，**值** 配置 **數量** 與 **利潤** 欄位。

Step 2 配置階層欄位 (1)

由於 **矩陣** 視覺效果的特性，是將欄位分別指定於 **資料列** 與 **資料行** 中呈現，在此先指定資料列中的階層。

1 選取視覺效果物件。

2 於 **視覺效果** 窗格選按 ▦，配置欄位：

資料列 欄配置 **顧客資料表 \ 性別** 欄位、**顧客資料表 \ 職業類別** 欄位。(拖曳至原有的 **產品類別** 下方，並如圖依序擺放。)

接著指定資料行中的階層，原設計中已擺放了 **下單日期** 欄位，而日期資料會自動產生：年、季、月、日，四個階層，但仍可以加入其他指定階層。

1 選取視覺效果物件。

2 於 **視覺效果** 窗格選按 ▦。

3 配置欄位：

資料行 欄配置 **訂單明細表 \ 購物平台編號** 欄位。（拖曳至原有的 **下單日期** 下方，並如圖依序擺放。）

前一個技巧已示範日期資料鑽研方式，而自訂階層也是以相同的方式鑽研資料，較特別的是 **矩陣** 視覺效果因為擁有 **資料列**、**資料行**，因此在鑽研資料前需先指定鑽研 **資料列** 或 **資料行**。

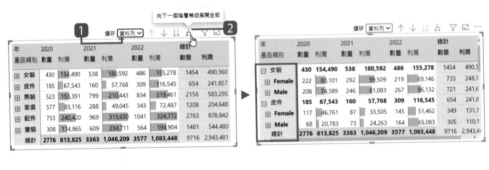

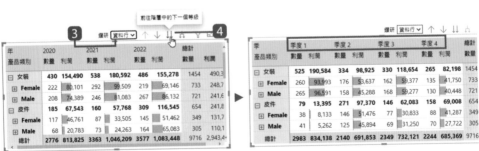

6 查看詳細記錄與資料

資料點資料表 功能可查看視覺效果中特定資料點的相關記錄資料表,而 **視覺效果資料表** 僅能查看視覺效果所使用的值與文字。這二項功能搭配資料鑽研可以查看鑽研後的詳細資料,由於操作方式相似,在此示範 **資料點資料表** 功能。(部分視覺效果類型不支援這二項功能)

Step 1 鑽研想要瀏覽的資料並開啟 "資料點資料表" 功能

此範例要將焦點放在購買童裝的男性顧客資料記錄分析,因此先進入 "童裝" 資料數列瀏覽女性與男性顧客的購買金額,再透過 **查看記錄** 功能查看男性顧客的相關資料列記錄明細。

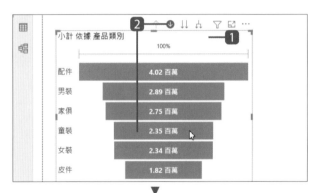

1 選取視覺效果物件。

2 選按視覺效果物件右上角的 ↓ **向下切入** 箭號圖示,再選按想要向下切入的資料項目 (此例選按 **童裝**)。

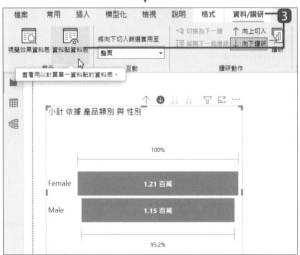

3 選按 **資料/鑽研** 索引標籤 \ **資料點資料表**。

(如果選取的視覺效果不支援 **資料點資料表**,則功能區上的按鈕會呈現灰色。)

(選按 **資料/鑽研** 索引標籤 \ **視覺效果資料表** 可查看目前的資料與值。)

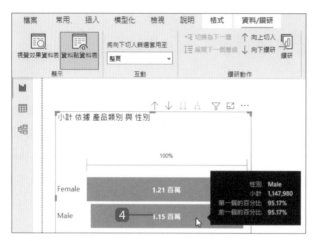

4 選按視覺效果中想要瀏覽記錄內容的資料數列,在此選按 **Male** 資料數列。

5 即會開啟專屬工作區,顯示該資料數列相關的資料列記錄內容。

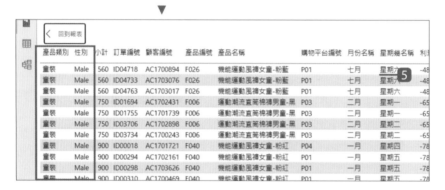

關閉查看資料,返回報表

1 資料查看完成後,選按工作區左上角 **返回報表** 即可回到 **報表** 檢視模式主頁面。

2 選按 **資料/鑽研** 索引標籤 \ **資料點資料表**,完成關閉 **資料點資料表** 功能。

7 自動分析與解讀

視覺效果中常會看到值大幅增加後急遽下降，想知道造成此波動的原因，Power BI 可以執行演算法，快速為你取得具洞察力的資料分析。

將滑鼠指標移至視覺效果上空白處按一下滑鼠右鍵，選按 **分析 \ 找出此分佈的不同之處**，即會開啟一新視窗呈現完整分析與見解資訊。（也可於想要分析的資料點上按一下滑鼠右鍵，選按 **分析 \ 說明增加** 或 **找出此分佈的不同之處**）

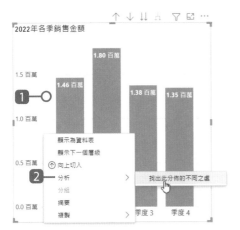

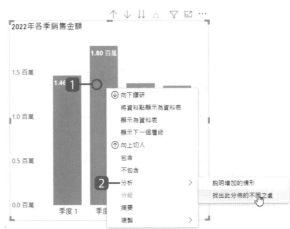

此範例中，視覺效果依"季度"顯示銷售額，2022 年銷售額在第 2 季大幅上升、第 3 季急遽下降。在此情況下，右圖說明分佈造成最多影響因素的資訊分析（往下捲動可看到更多因素）。

整體值會以灰色顯示，選按視覺效果右上角的 ⊕ 鈕，可將該視覺效果分析新增至報表頁面。

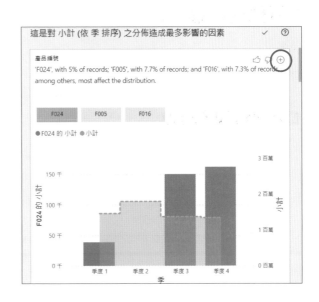

8 應用內建量值分析資料

量值可用於常見的數據計算分析；內建的量值有：加總、平均、最小值、最大值、計數、百分比...等，除此之外也可使用 DAX 語言自訂更進階的計量，在此以內建量值進行說明。

套用合適的量值

改變數值欄位中的 **量值**，可以呈現出不一樣的視覺效果資訊，預設是以 **加總** 進行運算，也可依視覺效果需要分析的主題調整為：**平均、最小值、最小值、最大值、計數、標準差、變異數、中間值**。

1. 選取視覺效果物件，於 **視覺效果** 窗格選按 ▦。
2. 資料行 \ 第二個 **數量** 右側選按 ☑，量值清單中可看到預設是以 **加總** 進行運算。

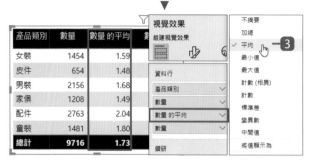

3. 若選按 **平均**，可看到視覺效果上也會依指定的量值重新計算後呈現，名稱也變更為：**數量 的平均**。

TIPS

數值資料內建可使用的量值

不摘要 (不加總)：不予以加總。　　　**計數**：計算不是空白值的數目。

加總：加總所有值。　　　　　　　　**計數(相異)**：計算不同值的數目。

平均：求值的平均值。　　　　　　　**標準差**：測量一組數值的離散程度。

最小值：顯示最小的值。　　　　　　**變異數**：一組數字與其平均間的距離。

最大值：顯示最大的值。　　　　　　**中位數**：此值之上和之下具有相同的項目數。

顯示為總計百分比

量值還可以指定以總計百分比的方式顯示，範例中 **數量** 以各產品類別計算數值，因此總計會變成 100%，再將各產品類別金額除以總計金額轉換為佔比。

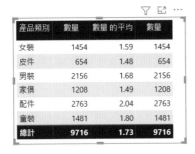
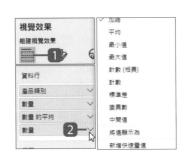

1️⃣ 選取視覺效果物件，於 **視覺效果** 窗格選按 ▦。

2️⃣ 於 **資料行** \ 第三個 **數量** 右側選按 ☑。

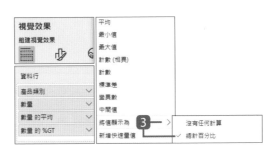

3️⃣ 選按 **將值顯示為** \ **總計百分比**，可看到視覺效果上也會依指定的量值重新計算後呈現，名稱也變更為：**數量 的 %GT**。

4️⃣ 可於 **資料行** \ **數量 的 %GT** 連按二下滑鼠左鍵，更名為：「數量總計佔比」。

9 應用 DAX 語言新增資料行與量值

除了套用預設量值與資料表中既有的資料數據，也可藉由 DAX 語言新增資料行與量值，在此簡單說明新增資料行與量值的差異：

- 新增資料行會產生維度 (欄位)，因為資料行的運算方式是逐列運算，因此新增資料行會使用到記憶體。

- 新增量值不會產生維度，量值是資料行彙總的結果，是使用 CPU 來運算，所以不會佔用記憶體。

關於資料分析運算式 (DAX)

資料分析運算式 DAX (Data Analysis Expressions) 是微軟在 Power BI 中使用的語言，用於解決基本計算和資料分析問題。DAX 語言是函數、運算子和常數的集合，與 Excel 函數公式十分相似，包含：日期和時間、時間智慧、資訊、邏輯、數學、統計、文字、父子式和其他函數。

如果已經熟悉 Excel 函數使用， 學習 DAX 語言也會很快就上手，然而二者之間有以下幾點較明顯的差異：

- DAX 語言是以資料表與資料行為計算基礎，而非儲存格或資料範圍。

- DAX 語言可使用關聯式進行運算與資料行資料取得。

DAX 語言一律以等號 (＝) 開頭，等號之後可使用運算子的運算式，或函式及其必要引數 (包含資料表、資料行和值) 的運算式：

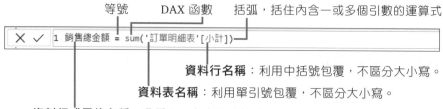

等號　　　DAX 函數　　括弧，括住內含一或多個引數的運算式

資料行名稱：利用中括號包覆，不區分大小寫。

資料表名稱：利用單引號包覆，不區分大小寫。

資料行或量值名稱：名稱不可有空白或特殊字元 (.,;/*?$%&＋＝[](){}<>)

DAX 語言運算子

DAX 語言同 Excel 一樣，會使用運算子來建立比較值、執行算術計算或處理字串的運算式。稍有不同的是 Excel 中使用 And 與 OR 函數指定同時滿足或滿足任一條件，而在 DAX 語言還可以使用 && 與 || 符號。

種類	符號	說明	範例
算術運算子	+	加法	6+2
	-	減法	6-2
	*	乘法	6*2
	/	除法	6/2
	^	次方 (乘冪)	6^2
比較運算子	=	等於	'訂單明細表'[數量]=200
	>	大於	'訂單明細表'[數量]>200
	<	小於	'訂單明細表'[數量]<200
	>=	大於等於	'訂單明細表'[數量]>=200
	<=	小於等於	'訂單明細表'[數量]<=200
	<>	不等於	'訂單明細表'[數量]<>200
文字運算子	&	連結字串	'訂單明細表'[產品類別]&"件"
邏輯運算子	&&	且	'訂單明細表'[產品類別]="女裝" && '訂單明細表'[產品類別]="男裝")
	||	或	'訂單明細表'[產品類別]="女裝" || '訂單明細表'[產品類別]="男裝")
	AND	且	AND(('訂單明細表'[產品類別]="女裝"),('訂單明細表'[產品類別]="男裝"))
	OR	或	OR(('訂單明細表'[產品類別]="女裝"),('訂單明細表'[產品類別]="男裝"))

用 "運算式" 新增資料行

使用算術運算子 ＋、-、\、*、/ 運算式，可於原資料表新增資料行。以下將於 **訂單明細表** 資料表新增 **小計** 資料行，資料行的運算式為 **訂單明細表** 資料表中 **單價** ×　**數量**。

Step 1 新增資料行並輸入運算式

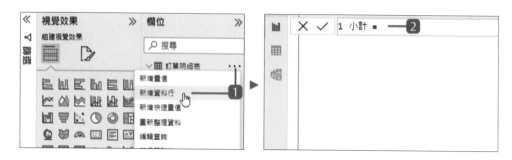

1 於第 1 頁，**欄位** 窗格 **訂單明細表** 資料表右側選按 ⋯ \ **新增資料行**。

2 會於頁面上方出現公式列，預設為「資料行＝」文字，更名為：「小計＝」。

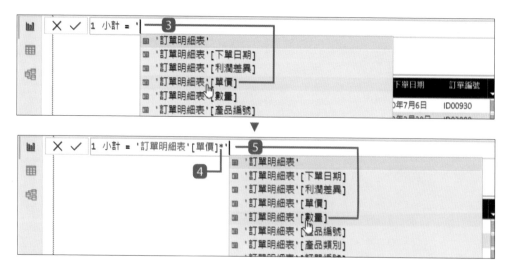

3 將輸入線移至等號右側，按 ⧖ 鍵 (單引號符號，於 Enter 鍵左側) 呼叫可指定的資料表與欄位，清單中選按 '**訂單明細表**'**[單價]**。

4 按 Shift + *8 鍵 (乘算試運算子)。

5 按 ⧖ 鍵，清單中選按 '**訂單明細表**'**[數量]**。

	× ✓	1 小計 = '訂單明細表'[單價]*'訂單明細表'[數量] ──⑥	

⑥ 按 Enter 鍵完成「小計 = '訂單明細表'[單價]*'訂單明細表'[數量]」公式輸入。

Step 2 瀏覽與編修新增的資料行

完成公式輸入後，會在 **欄位** 窗格新增名為 **小計** 的資料行，使用方式與其他資料行 (欄位) 一樣，其前方標示 📊 圖示，表示這個資料行為公式計算的結果。若要編修該資料行公式，只要於 **欄位** 窗格選取該資料行，即可於頁面上方公式列編修。

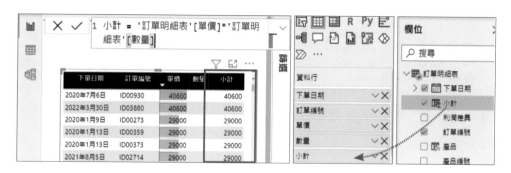

用 "DAX" 新增資料行 (1) - 傳回指定資料表資料

當多個資料表間彼此有關連，可以使用 DAX 語言 RELATED 函數傳回需要的資料表資料數據，RELATED 函數與 Excel 中的 Vlookup 函數作用相似。

以下示範於 **訂單明細表** 資料表新增 **產品** 資料行，以 **訂單明細表** 資料表 **產品編號** 串連傳回的 **產品資料** 資料表 **產品名稱** 資料行資料。

訂單編號	產品編號	產品
ID00556	F025	F025_12格書櫃-黑
ID00557	F025	F025_12格書櫃-黑
ID00558	F030	F030_直筒棉褲男童
ID00559	F040	F040_法蘭絨格紋襯

訂單明細表 資料表

產品編號	產品名稱
F022	托特包-白
F025	12格書櫃-黑
F030	直筒棉褲男童
F040	法蘭絨格紋襯

產品資料 資料表

RELATED 函數

說明：傳回另一個資料表中的相關值

語法：**RELATED(<column>)**

引數：**column**　　要取得之值的資料表、資料行。

Step 1 新增資料行 / RELATED 函數

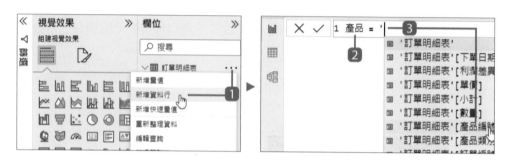

① 於第 1 頁，**欄位** 窗格 **訂單明細表** 資料表右側選按 ⋯ \ **新增資料行**。

② 會於頁面上方出現公式列，預設為「資料行＝」文字，更名為：「產品＝」。

③ 將輸入線移至等號右側，按 `'` 鍵，清單中選按 **'訂單明細表'[產品編號]**。

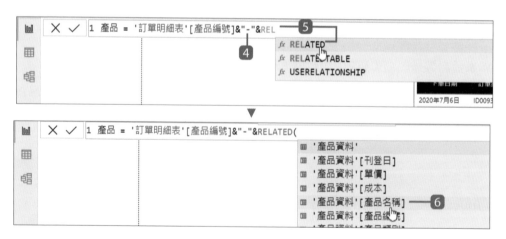

④ 輸入：「&"-"&」。

⑤ 輸入函數名稱：「RELATED(」(也可輸入「REL」再於函數清單中選按 **RELATED**)。

⑥ 清單中選按 **'產品資料'[產品名稱]**。

7 輸入：「)」，按 `Enter` 鍵完成公式輸入。

Step 2 瀏覽與編修新增的資料行

完成公式輸入後，會在 **欄位** 窗格新增名為 **產品** 的資料行，使用方式與其他資料行 (欄位) 一樣，其前方標示 ▥ 圖示，表示這個資料行為公式計算的結果。若要編修該資料行公式，只要於 **欄位** 窗格選取該資料行，即可於頁面上方公式列編修。

-**T** **I** **P** **S**-

Power BI 的 DAX 語言智慧提示

DAX 語言的函數語法不盡相同，在公式列輸入函數時即會自動出現語法提示。

-**T** **I** **P** **S**-

查找 DAX 函數用法

Data Analysis Expression (DAX) 語言中可使用 250 多個函數，如果想要了解或查找每個函數的語法、參數、傳回值和範例，可參考以下官方網址整理的資料：
DAX 函數參考：https://learn.microsoft.com/zh-tw/dax/dax-function-reference

將 **產品編號** ＋ **產品名稱** 的組合，設計成交叉分析篩選器並開啟 **搜尋** 功能，可以讓使用者於搜尋列輸入產品編號或名稱任一資訊，快速進行相關視覺化的篩選呈現。

1 於 **視覺效果** 窗格選按 ▦ \ ⬚ **交叉分析篩選器**。

2 配置欄位：**訂單明細表 \ 產品**。

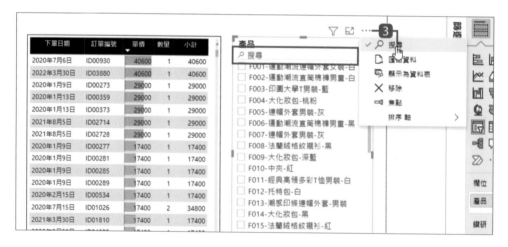

3 適當的調整大小與位置，於 **視覺效果** 窗格選按 ⬚ 調整相關格式 (多選、單選)，最後選按該視覺物件右上角 ⋯ \ **搜尋**，即可開啟搜尋列。

用 "DAX" 新增資料行 (2) - 條件判斷式

IF 是 DAX 中的邏輯判斷函數，邏輯函數會在運算式上作用，傳回運算式中值或集合的相關資訊。以下示範於 **訂單明細表** 資料表中新增 **利潤狀況** 資料行，要判斷 **訂單明細表** 資料表中各筆訂單的利潤值是否有大於 500，若有則標註 "達標"，否則標註 "未達標"。

IF 函數

說明：檢查是否符合作為第一個引數的條件，如果符合條件 (TRUE) 則傳回一個值，如果不符合條件 (FALSE) 則傳回另一個值。

語法：**IF(logical_test>,<value_if_true>, value_if_false)**

引數：**logical_test**   條件式，評估為 TRUE 或 FALSE 的值或運算式。

      value_if_true 為 TRUE 所傳回的值，如果省略，則傳回 TRUE。

      value_if_false 為 FALSE 所傳回的值，如果省略，則傳回 FALSE。

Step 1 新增資料行 / **IF** 函數

1️⃣ 於第 2 頁，**欄位** 窗格 **訂單明細表** 資料表右側選按 ⋯ \ **新增資料行**。

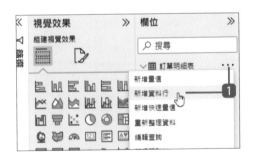

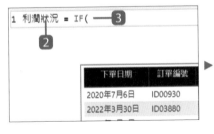

2️⃣ 公式列預設會有「資料行＝」文字，更名為：「利潤狀況＝」。

3️⃣ 將輸入線移至等號右側，輸入函數名稱：「IF(」(也可輸入「I」再於函數清單中選按 **IF**)。

4️⃣ 按 🔲 鍵 (單引號符號)，清單中選按 **'訂單明細表'[利潤]**。

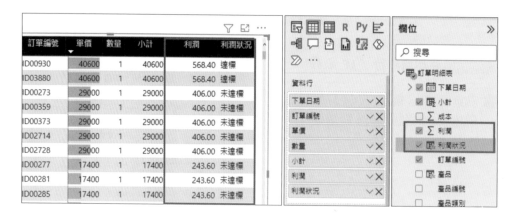

5 輸入：「>500,"達標","未達標")」，按 Enter 鍵完成公式輸入。

加入視覺化設計

選取頁面中的資料表視覺效果物件，於 **欄位** 窗格核選 **訂單明細表 \ 利潤**，再核
選 **訂單明細表 \ 利潤狀況** 欄位，即可出現相對的邏輯判斷資料。

用 "DAX" 新增資料行 (3) - 排名

DAX 語言中有一系列尾碼為 "X" 的函數，如 SumX、MaxX、MinX、
RankX...等，這系列函數會針對指定的資料表逐列掃描每筆記錄，而此例中使用
RankX 函計算排名。

以下示範於 **訂單明細表** 資料表新增 **銷售排名** 資料行，以 **小計** 資料行的值計算
銷售排名。

RankX 函數

說明：針對資料表引數中的每個資料列，傳回數位清單中數位的排名。

語法：RANKX(\<table\>, \<expression\>[, \<value\>[, \<order\>[, \<ties\>]]])

引數：

\<table\>	資料表，任何 DAX 運算式，會傳回評估運算式的資料表。
\<expression\>	運算式，傳回單一純量值的 DAX 運算式。
\<value\>	值，選擇性傳回單一純量值的 DAX 運算式，省略 value 參數時，會改為使用目前資料列的 expression 值。
\<order\>	順序，0 或 DESC 依運算式值的遞減順序排列 (省略時的預設值)，1 或 ASC 依運算式值的遞增順序排列。
\<ties\>	排序方式，值相同時的排序方式，Skip 跳過 (省略時的預設值)，Dense 稠密。

Step 1 新增資料行 / RankX 函數

 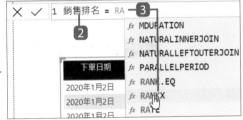

1️⃣ 於 **欄位** 窗格 **訂單明細表** 資料表右側選按 ⋯ \ **新增資料行**。

2️⃣ 公式列預設會有「資料行＝」文字，更名為：「銷售排名＝」

3️⃣ 將輸入線移至等號右側，輸入函數名稱：「RankX(」(也可輸入「R」再於函數清單中選按 **RankX**)。

 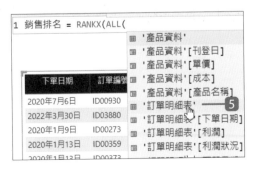

4️⃣ 清單中選按 **ALL**

5️⃣ 清單中選按 **'訂單明細表'**。

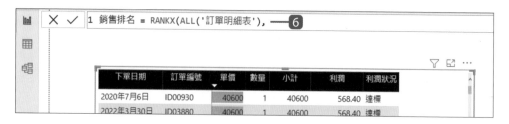

⑥ 接著輸入：「),」

⑦ 再輸入「[」，清單中選按 **小計**。

⑧ 輸入：「)」，按 Enter 鍵完成公式輸入。

Step 2　加入視覺化設計

選取頁面中的資料表視覺效果物件，於 **欄位** 窗格核選 **訂單明細表 \ 銷售排名**
欄位，即可出現各筆記錄的排名資料。

編號	單價	數量	小計	利潤	利潤狀況	銷售排名
1	2030	3	6090	1,575.28	達標	295
2	1740	1	1740	257.52	未達標	3588
3	1800	1	1800	279.00	未達標	3249
4	600	3	1800	368.40	未達標	3249
5	2500	1	2500	35.00	未達標	2720
6	900	1	900	158.40	未達標	5141
7	1800	3	5400	1,359.00	達標	440
8	1740	1	1740	257.52	未達標	3588
9	1800	1	1800	279.00	未達標	3249

資料行

下單日期	∨✕
訂單編號	∨✕
單價	∨✕
數量	∨✕
小計	∨✕
利潤	∨✕
利潤狀況	∨✕
銷售排名	∨✕

- ☐ 小計
- ☐ Σ 成本
- ☑ Σ 利潤
- ☑ 利潤狀況
- ☑ 訂單編號
- ☐ 產品
- ☐ 產品編號
- ☐ 產品類別
- ☑ Σ 單價
- ☑ Σ 數量
- ☑ 銷售排名
- ☐ 購物平台編號
- ☐ 顧客編號

用 "DAX" 新增量值 (1) - 計算預期目標值

量值是資料分析的關鍵指標，需使用 DAX 撰寫，以下示範於 **訂單明細表** 資料表新增 **明年預期目標** 量值，用 **SUM** 函數加總每筆記錄 **小計** × 1.06 的值。

SUM 函數

說明：**將資料行中的所有數字相加**

語法：**SUM(<column>)**

引數：**column**　　包含加總數值的資料行。

Step 1 新增量值 / SUM 函數

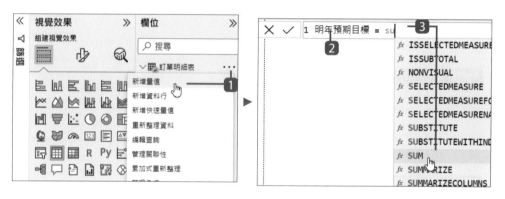

1️⃣ 於第 2 頁，欄位 窗格 **訂單明細表** 資料表右側選按 ⋯ \ **新增量值**。

2️⃣ 公式列預設會有「量值＝」文字，更名為：「明年預期目標＝」

3️⃣ 將輸入線移至等號右側，輸入函數名稱：「SUM(　」(也可輸入「Su」再於函數清單中選按 **SUM**)。

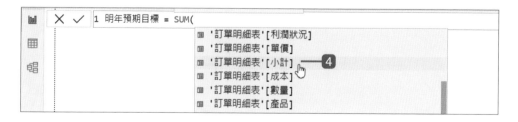

4️⃣ 清單中選按 **'訂單明細表'[小計]**。(若沒有出現清單，可按 🔄 鍵呼叫)。

	× ✓	1 明年預期目標 = SUM('訂單明細表'[小計])*1.06 —⑤

⑤ 輸入：「)*1.06」，按 Enter 鍵完成公式輸入。(自行建立的量值會出現在 **欄位** 清單中，其前方標示 ▦ 圖示，。)

選取頁面中的資料表視覺效果物件，於 **欄位** 窗格核選 **訂單明細表 \ 小計、訂單明細表 \ 明年預期目標** 欄位，即可出現相對應的數值資料。

用 "DAX" 新增量值 (2) - 加總特定產品類別小計值

CALCULATE 函數會依篩選條件執行指定運算式，以下示範於 **訂單明細表** 資料表新增 **服裝類總銷售金額** 量值，加總產品類別中女裝、男裝與童裝的小計金額。

CALCULATE 函數

說明：**依指定的篩選條件執行運算式**

語法：**CALCULATE(<expression>,<filter1>,<filter2>…)**

引數：**<expression>** 運算式，要進行運算式。

<filter1>… 篩選條件，以逗號分隔多個篩選條件。

Step 1 新增量值 / CALCULATE 函數

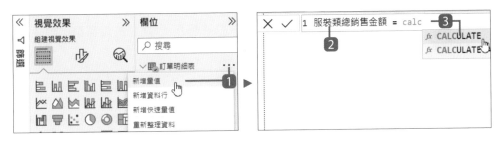

1. 於第 2 頁，**欄位** 窗格 **訂單明細表** 資料表右側選按 ⋯ \ **新增量值**。

2. 公式列預設會有「量值＝」文字，更名為：「服裝類總銷售金額＝」。

3. 將輸入線移至等號右側，輸入函數名稱：「CALCULATE(」。

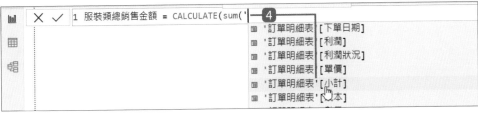

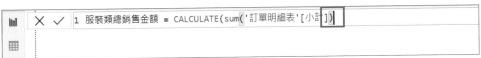

4. 運算式：輸入函數名稱：「SUM(」，按 ⌐ 鍵 (單引號符號)，清單中選按 **'訂單明細表'[小計]**，再輸入「)」。

```
1  服裝類總銷售金額 = CALCULATE(sum('訂單明細表'[小計]),'訂單明細表'[產品類別]="女裝"
```

⑤ 篩選條件 1：輸入「,」，按 ⎵ 鍵，清單中選按 **'訂單明細表'[產品類別]**，再輸入「="女裝"」。

```
1  服裝類總銷售金額 = CALCULATE(sum('訂單明細表'[小計]),'訂單明細表'[產品類別]="女裝"||
   '訂單明細表'[產品類別]="男裝"||'訂單明細表'[產品類別]="童裝")
```

⑥ 篩選條件 2、3：先輸入「||」(邏輯運算子 "或")，按 ⎵ 鍵，清單中選按 **'訂單明細表'[產品類別]**，再輸入「="男裝"」，依相同方式輸入童裝的篩選條件，最後輸入「)」，再按 Enter 鍵完成公式輸入。(建立的量值會出現在 **欄位** 清單中，其前方標示 圖 圖示，。)

Step 2 加入視覺化設計

於 **欄位** 窗格用 **訂單明細表 \ 服裝類總銷售金額** 欄位建立 **卡片** 視覺效果物件，可得到女裝、男裝、童裝總銷售金額。(可為 **服裝類總銷售金額** 量值欄位套用千分位分隔符號，並為卡片物件套用合適的格式)

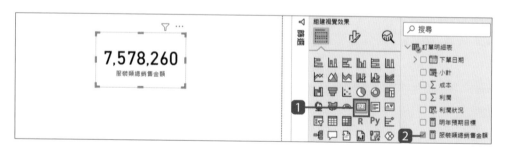

┌─TIPS──

邏輯運算子 || 該如何輸入？

上方使用到 "||" (邏輯運算子 "或")，可以為 **CALCULATE** 函數加上更多篩選條件，只要符合其中一項條件即符合， "||" 符號可按住 Shift 鍵不放，再按 ＼ 鍵 (於 Enter 鍵上方)，重覆輸入二次即可。

不用寫 "**DAX**"，新增快速量值 (1) - 加總特定產品類別小計值

快速量值 功能可以不用寫公式就能新增量值，但是對 DAX 語言不熟悉的情況下容易錯誤使用。為了比較 **快速量值** 功能與手動新增量值的差異，同上個主題，一樣示範於 **訂單明細表** 資料表新增 **服裝類總銷售金額(2)** 量值，加總產品類別中女裝、男裝與童裝的小計金額。

Step 1 使用快速量值 / 加總篩選過的值

於第 2 頁，**欄位** 窗格選按 **訂單明細表**，再選按 **常用** 索引標籤 \ **快速量值**，開啟 **快速量值** 對話方塊進行設定：

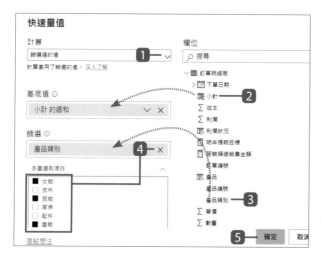

1️⃣ **計算** 設定：**篩選過的值**。

2️⃣ 於 **欄位** 窗格拖曳 **訂單明細表** \ **小計** 至 **基底值** 欄位擺放。

3️⃣ 於 **欄位** 窗格拖曳 **訂單明細表** \ **產品類別** 至 **篩選** 欄位擺放。

4️⃣ 按 **Ctrl** 鍵不放，一一選按 **女裝**、**男裝**、**童裝**。

5️⃣ 按 **確定** 鈕，完成設定。

Step 2 加入視覺化設計

1️⃣ 於 **欄位** 窗格選按產生的 **小計 (女裝)** 量值，更名為 **服裝類總銷售金額(2)**。

2️⃣ 公式列可看到快速量值產生的 DAX 公式。

3️⃣ 用 **訂單明細表** \ **服裝類總銷售金額(2)** 欄位建立 **卡片** 視覺效果物件，可得到女裝、男裝、童裝總銷售金額，會發現與前頁說明使用 DAX 公式撰寫的量值是一樣的。

不用寫 "DAX"，新增快速量值 (2) - 小計值星級評等

同樣使用 **快速量值** 功能，以下示範於 **訂單明細表** 資料表新增 **小計_星級評等** 量值，以星星符號評等小計金額，小於 1 百萬就沒有星，達到 4 百萬就是 5 顆星，中間的值依比例給予星星符號。

Step 1 使用快速量值 / 依小計值給予星級

於第 2 頁，**欄位** 窗格選按 **訂單明細表**，再選按 **常用** 索引標籤 \ **快速量值**，開啟 **快速量值** 對話方塊進行設定：

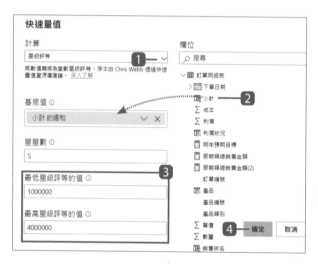

❶ **計算** 設定：**星級評等**。

❷ 於 **欄位** 窗格拖曳 **訂單明細表** \ **小計** 至 **基底值** 欄位擺放。

❸ **星星數**：5，**最低星級評等的值**：1000000，**最高星級評等的值**：4000000。

❹ 按 **確定** 鈕，完成設定。

Step 2 加入視覺化設計

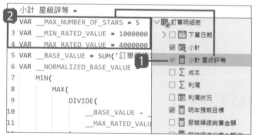

❶ 選取頁面中的資料表視覺效果物件，於 **欄位** 窗格核選 **訂單明細表** \ **小計 星級評等** 欄位，即會依小計值出現相對的星星符號。

❷ 於 **欄位** 窗格選按 **訂單明細表** \ **小計 星級評等** 欄位，頁面上方公式列可看到快速量值產生的 DAX 公式，可於此處調整星星數與最低、最高的值。

分析 Google 表單即時數據

徵人、課程設計、員工意見、活動內容...等意見調查，
以書面方式一張張發送常無法有效回收，整理統計也相
當耗時。

Google 雲端硬碟內建的 **表單** 應用程式，可以輕鬆做出一
份線上問卷調查表，再以 E-mail 寄給作答者於線上填寫
或直接於網路社群平台貼上此份線上問卷調查表，待填寫
並提交後，會自動整理出問卷相關數據，最後搭配 Power
BI Desktop 取得資料著手視覺化分析。

30%

DATA 04

Google 表單的基本製作流程：**登入 Google 帳號** > **新增 Google 表單** > **為表單命名** > **建立問卷問題** > **預覽表單**。

此章提供的範例 "活動滿意度問卷" 表單已製作完成，共有七道題目，並以 **選擇題**、**核取方塊** (多選)、**線性刻度** 三種題型組合而成。

瀏覽表單問卷結構

可於瀏覽器輸入「https://s.yam.com/2HSpb」開啟 "活動滿意度問卷" 表單，也可掃描下方 QR-Code 條碼開啟瀏覽。

活動滿意度問卷

嗨！親愛的伙伴們：
感謝您參加本次活動！本單位為了瞭解您參加本活動後的感想，請您撥冗幾分鐘填寫下列問卷，提供我們寶貴意見，並於活動結束後交予本單位人員，謝謝！

登入 Google 即可儲存進度。瞭解詳情

*必填

訓練類別：共同核心職能訓練
時間 / 班別：9/11 大數據視覺化圖表設計與分析 Power BI 工作坊

性別 *

○ 男
○ 女

工作年資 *

○ 1 年以下
○ 1~5 年
○ 5~10年
○ 10 年以上

參加本課程主要動機 *

○ 工作需要
○ 長官指派
○ 個人興趣

題型：**選擇題** (單選；必填)

TIPS

無法進入表單編輯？

此章提供的範例 "活動滿意度問卷" 表單因帳號權限關係，開啟後僅能瀏覽填寫，以及進行後續說明的 Power BI Desktop 資料視覺化；若想操作表單編輯、傳送、轉換、關閉...等管理功能，可登入自己的 Google 帳號建立新表單操作練習。(建立表單詳細操作說明可以參考 "專家都在用的Google最強實戰" 一書 https://bit.ly/3Ojxib7)

服務機關要求運用於工作的軟體工具 (可多選) *

☐ Excel
☐ Power BI
☐ PowerPoint
☐ 其他:

—— 題型:**核取方塊** (多選，"其他" 項目可由填寫者寫入；必填)

教材內容完整 *

	1	2	3	4	5	
非常不滿意	○	○	○	○	○	非常滿意

—— **線性刻度** (單選，數字 1 到 5 分別代表:非常不滿意、不滿意、普通、滿意、非常滿意；必填)

教學方式能引發學習興趣 *

	1	2	3	4	5	
非常不滿意	○	○	○	○	○	非常滿意

從何種管道得知此研習訊息 (可多選) *

☐ 公文
☐ 校網
☐ 同事(學)告知
☐ FB 粉絲專頁

—— 題型:**核取方塊** (多選；必填)

傳送表單予作答者

於表單編輯畫面完成問卷內容設計後，選按畫面右上角 **傳送** 鈕，於 **傳送表單** 畫面右側有 🅕、🅣 二個按鈕，可以讓你透過 Facebook 與 Twitter 分享表單。

若想要以電子郵件傳送表單給指定的作答者，只要於 ✉ 標籤輸入作答者的電子郵件、主旨與信件內容，最後按 **傳送**。若想分享表單連結，只要於 🔗 標籤複製連結再傳給作答者 (核選 **縮短網址** 可產生較短連結)。

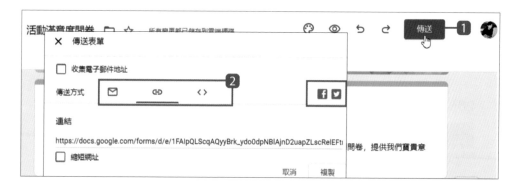

將連結轉成短網址與 QR-Code 條碼

表單連結預設是一長串的網址，雖然核選 **縮短網址** 可以轉換為短網址，但仍覺得太過冗長時，可以透過網路工具轉換為短網址與產生方便行動裝置掃描的 QR-Code 條碼。

首先複製表單的連結網址，再於瀏覽器開啟 yamShare「https://s.yam.com/」，接著貼上連結網址後會自動轉換成短網址與 QR-Code。

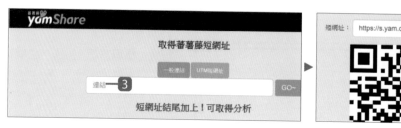

停止表單問卷資料收集

表單期限結束日，可以於表單編輯畫面選按 **回覆** 標籤，將 **接受回應** 右側選按 切換為 **不接受回應** ，再於 **給作答者的訊息** 欄位中輸入相關訊息，即關閉這份表單。

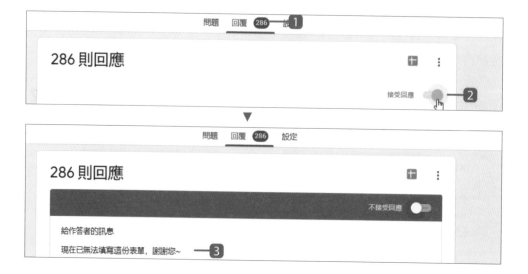

為問卷回覆建立 Google 試算表

已分享給作答者的表單問卷，可以隨時檢視目前的回覆數據並將數據轉換為 Google 試算表，再由 Power BI Desktop 取得資料著手視覺化分析。(需自行建立表單才能操作此則練習，若是開啟範例 "活動滿意度問卷" 表單則無法進入。)

Step 1 **檢視表單回覆**

於表單編輯畫面 **回覆** 標籤，可看到目前已回覆問卷的統計結果。

Step 2 **建立 Google 試算表**

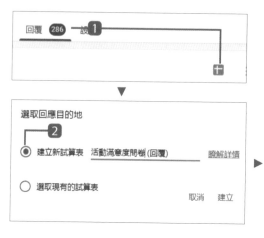

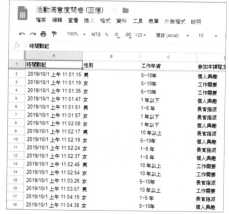

1️⃣ 於表單編輯畫面 **回覆** 標籤，選按 ➕ **建立試算表**。

2️⃣ 於 **選取回應目的地** 核選 **建立新試算表**，再選按 **建立** 會開啟 Google 試算表，看到目前已回覆問卷的相關數據。

此處示範藉由路徑的方式取得線上試算表即時數據資料，而不是直接下載試算表檔案至本機再讀取。這二個方式的差別在於前者取得的是即時資料，如果表單後續仍有新增問卷回覆，只要於 Power BI Desktop 點選 **重新整理** 即可，所有已設計好的視覺化圖表即會同步更新。(需自行建立表單才能操作此則練習，若是開啟範例 "活動滿意度問卷" 表單無法進入共用權限設定畫面。)

Step 1 **取得 (回應) 試算表路徑**

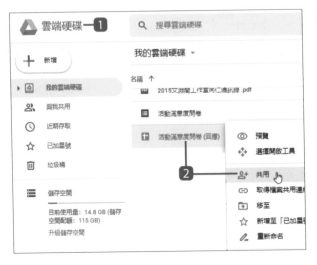

1. 登入 Google 帳號，進入 **雲端硬碟**。

2. 於上一則建立的 Google 試算表：<表單名 (回應)> 上按一下滑鼠右鍵，選按 **共用**。

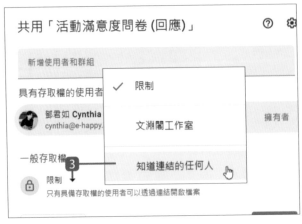

3. 選按 **一般存取權 \ 限制** 清單鈕，再選按 **知道連結的任何人**。

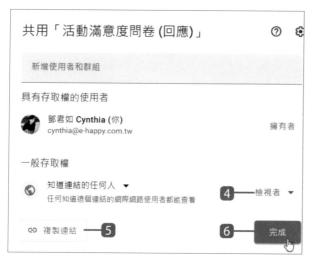

4 設定 **存取權：檢視者**。

5 選按 **複製連結** 鈕。

6 選按 **完成** 鈕。

Step 2 改寫 (回應) 試算表路徑

取得的試算表共用路徑無法直接於 Power BI Desktop 中使用，透過文字檔案簡單改寫路徑。

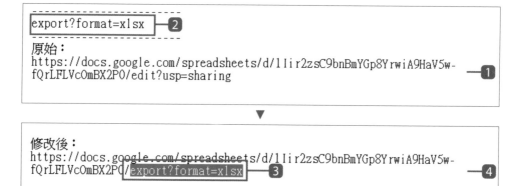

1 開啟 <改寫 "回應" 試算表路徑.txt>，於最下方空白處按 Ctrl + V 鍵貼上剛剛複製的試算表共用連結。

2 複製準備在上方的 export?format=xlsx。

3 將貼上的共用連結最後一個 "/ " 之後全刪除，貼上 export?format=xlsx。

4 選取整段修改後的試算表共用連結，按 Ctrl + C 鍵複製。

1 回到 Power BI Desktop 建立一新報告,選按 **常用 \ 取得資料**。

2 選按 **其他**。

3 選按 **其他** 類別 \ **Web**,再選按 **連結** 鈕。

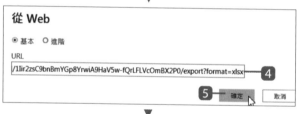

4 按 Ctrl + V 鍵,貼上前一則改寫的試算表共用路徑。

5 選按 **確定** 鈕。

6 表單回應資料會出現在右側預覽區,核選 **表單回應 1**,再選按 **載入** 鈕。

4 數據資料初步視覺化

表單問卷的試算表回覆資料中，**核取方塊**（多選）、**線性刻度** 這二種題型的數據資料還需手動整理才能呈現正確視覺化內容，在此先進行初步視覺化，如此一來會更清楚了解那些部分需要調整。(可以使用範例 <7-04.pbix> 或使用前面自行建立表單的資料數據，再依循操作。)

"單選題" 題型視覺化

首先針對 "活動滿意度問卷" 表單中的單選題題型，設計視覺物化效果 。

Step 1 建立單選題環圈圖

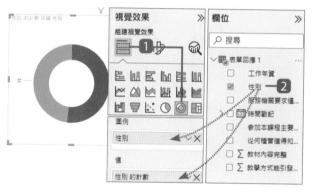

1 在 📊 **報告** 檢視模式下，於 **視覺效果** 窗格選按 🗐 \ ⊙ **環圈圖**。

2 配置欄位：

圖例 欄配置 **性別** 欄位。

值 欄配置 **性別** 欄位 (會自動轉換為計數，即可得知各項目筆數加總值)。

Step 2 調整視覺化格式

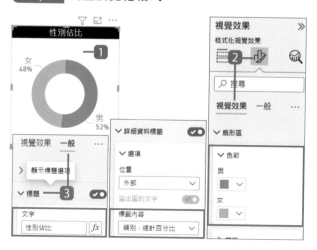

1 適當的調整大小與位置。

2 於 **視覺效果** 窗格選按 🎨 \ **視覺效果** 調整格式：

扇形區 區段，為 **男**、**女** 項目設定合適色彩。

詳細資料標籤 區段，設定 **標籤內容：類別，總計百分比**。

3 選按 **一般** \ **標題** 區段，輸入標題文字「性別佔比」，並設定相關格式。

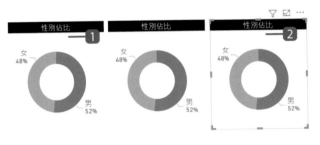

1. 選取前面製作好的 "性別佔比" 環圈圖，按 **Ctrl** + **C** 鍵複製。

2. 按二次 **Ctrl** + **V** 鍵，貼上二個環圈圖物件，如左圖擺放。

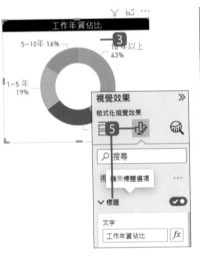

3. 選取中間的環圈圖。

4. 選按 配置欄位：

   圖例 欄配置 **工作年資** 欄位。

   值 欄配置 **工作年資** 欄位 (會自動轉換為 "的計數" 即數量值)。

5. 選按 \ **一般** \ **標題** 區段，標題文字改成「工作年資佔比」。

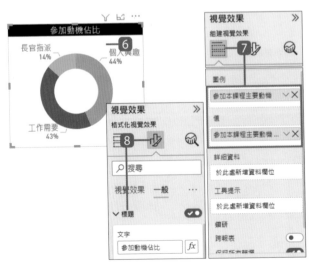

6. 選取右側的環圈圖。

7. 選按 配置欄位：

   圖例 欄配置 **參加本課程主要動機** 欄位。

   值 欄配置 **參加本課程主要動機** 欄位 (會自動轉換為計數)。

8. 選按 \ **一般** \ **標題** 區段，標題文字改成「參加動機佔比」。

"線性刻度" 題型視覺化

同樣的使用環圈圖呈現 "活動滿意度問卷" 表單中的線性刻度題型 。

Step 1 建立線性刻度環圈圖

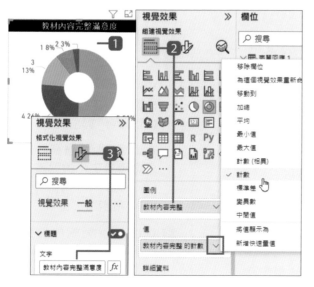

1 複製前面製作好的 "性別佔比" 環圈圖，於頁面中貼上。

2 選按 📋 配置欄位：

圖例 欄配置 **教材內容完整** 欄位。

值 欄配置 **教材內容完整** 欄位，再於項目上按滑鼠右鍵，選按 **計數**。

3 選按 🖌 \ **一般** \ **標題** 區段，標題文字改成「教材內容完整滿意度」。

Step 2 視覺化另一個項目

1 複製剛剛完成的環圈圖物件，貼上後擺放於右側。

2 選按 📋 配置欄位：

圖例 欄配置 **教學方式能引發學習興趣** 欄位。

值 欄配置 **教學方式能引發學習興趣** 欄位。(於項目上按滑鼠右鍵，選按 **計數**。)

3 選按 🖌 \ **一般** \ **標題** 區段，標題文字改成「教學方式能引發學習興趣滿意度」。

"核取方塊" 題型視覺化

針對 "活動滿意度問卷" 表單中的核取方塊題型，設計視覺物化效果 。

Step 1 建立核取方塊 (多選題) 橫條圖

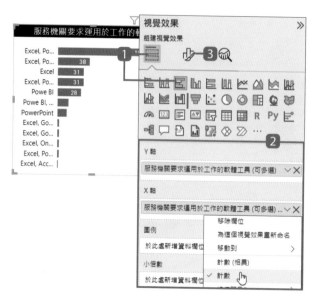

1. 於 **視覺效果** 窗格選按 ▥ \ ▤ **群組橫條圖**。

2. 配置欄位：

   Y軸 欄配置 **服務機關要求運用於工作的軟體工具 (可多選)** 欄位。

   X軸 欄配置 **服務機關要求運用於工作的軟體工具 (可多選)** 欄位 (會自動轉換為 "計數")。

3. 選按 ▥，適當的調整字級與顏色後，於 **一般** \ **標題** 區段，標題文字改成「服務機關要求運用於工作的軟體」。

Step 2 視覺化另一個項目

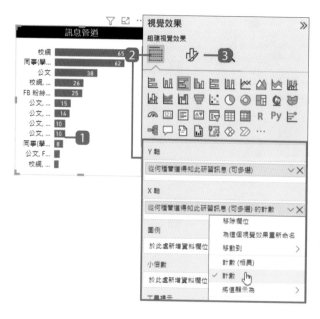

1. 複製剛剛完成的群組橫條圖，貼上後擺放於右側。

2. 選按 ▥ 配置欄位：

   Y軸 欄配置 **從何種管道得知此研習訊息 (可多選)** 欄位。

   X軸 欄配置 **從何種管道得知此研習訊息 (可多選)** 欄位。(會自動轉換為 "計數")

3. 選按 ▥ \ **一般** \ **標題** 區段，標題文字改成「訊息管道」。

取得有效問卷數與視覺化

以 **時間戳記** 欄位資料記算出表單問卷回覆數量,於報表上呈現有效問卷數 。

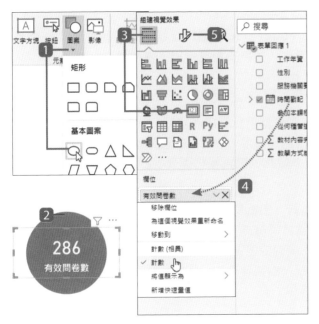

1. 選按 **插入** 索引標籤**圖案**\ **橢圓**,於頁面上畫一個圓型並設定合適的色彩。

2. 於頁面空白處按一下滑鼠左鍵,取消物件選取。

3. 於 **視覺效果** 窗格選按 ▦ \ ⒓⒊ **卡片**。

4. 配置欄位:

   欄位 欄配置 **時間戳記** 欄位;於項目上連按滑鼠左鍵二下,更名為:「有效問卷數」;再於項目上按滑鼠右鍵,選按 **計數**。

5. 選按 ⬇ \ **一般**,為卡片設定背景透明,並拖曳至圓形物件上方擺放。

報表儀表板設計

開一新頁面,將前面製作的 "活動滿意度問卷" 視覺效果物件一一擺放好並調整至合適大小,再於頁面最上方為此份報表設計上表頭文字。

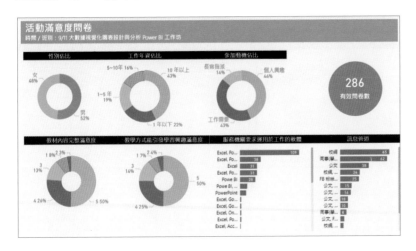

5 整理與關聯資料表中的資料

完成前面視覺設計，接著要藉由 Power Query 編輯器著手調整 **線性刻度**、**核取方塊** (多選) 這二類題型的數據資料，才能於後續呈現正確視覺化內容。

檢視狀況

- **線性刻度** 題型回覆資料：這個題型用於呈現滿意度，狀況較為單純，只要將回覆的數值資料對照到相對應的滿意度，由 1~5 分別為：非常不滿意、不滿意、普通、滿意、非常滿意，如此一來視覺化圖表上即可呈現滿意度文字而非數值。

- **核取方塊** (多選) 題型回覆資料：因為是複選題目最後一欄為 "其他"，所以會產生二大問題，首先每位作答者回覆的答案組合不盡相同，由 1 ~ 4 個答案的組合都有可能，而 "其他" 欄內的答案因為是由作答者填寫，所以也要考量是否有大小寫、空白鍵需要統一的整理動作，例如：OneNote、One Note，在 Power BI 會視為不同的項目。

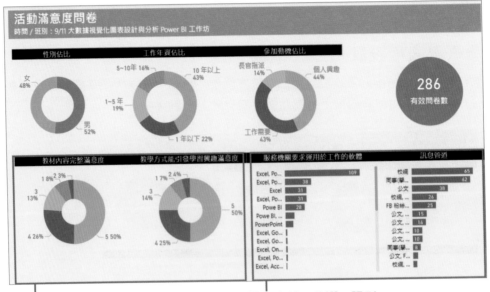

線性刻度 題型　　　　　　　**核取方塊** (多選) 題型

"線性刻度" 值的轉換

條件資料行 功能相似於 Excle 中 VlookUP 函數,以新增資料行的方式,於資料表指定欄位取得資料並轉換為指定資料,在此使用這個功能調整 **線性刻度** 題型回覆資料的狀況。

Step 1 新增條件資料行

針對 "活動滿意度問卷" 表單中 "教材內容完整" 一題,將滿意度調整為文字呈現。

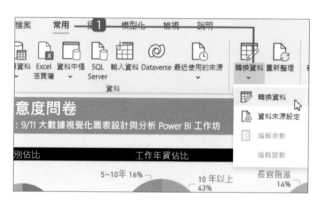

1 選按 **常用** 索引標籤 \ **轉換資料** \ **轉換資料**,進入 **Power Query** 編輯器。

▼

2 於 **教材內容完整** 欄名上連按二下滑鼠左鍵,選取名稱後複製名稱,接著於名稱外按一下取消編輯狀態。

3 選按 **新增資料行** 索引標籤 \ **條件資料行**。

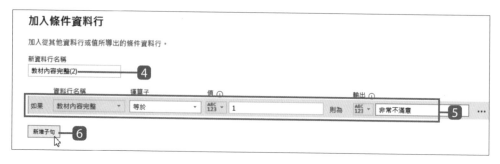

4 於 **新資料行名稱** 欄位貼上剛剛複製的欄名,再加上「(2)」。

5 設定第一個條件 **資料行名稱:教材內容完整**、運算字:**等於**、值:「1」、輸出:「非常不滿意」。

6 選按 **新增子句 (新增規則)** 鈕。

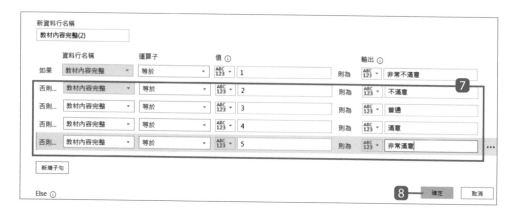

7 如圖,輸入四個條件,分別指定 2~5 **輸出**:不滿意、普通、滿意、非常滿意。

8 選按 **確定** 鈕。

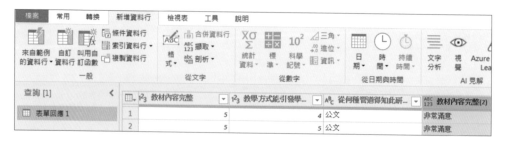

完成新增條件資料行的設定,回到 **Power Query 編輯器** 主畫面會看到最右側多了一個 **教材內容完整(2)** 資料行,並依滿意度呈現相對應的文字。

針對 "活動滿意度問卷" 表單中 "教學方式能引發學習興趣" 一題,將滿意度調整為文字呈現。依前面新增條件資料行說明的方式,新增 **教學方式能引發學習興趣(2)** 資料行,再如下圖指定五個條件。

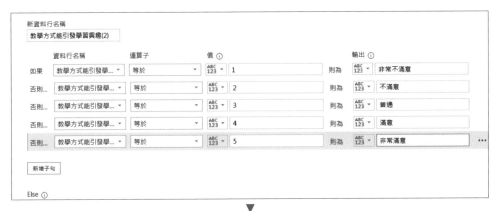

▼

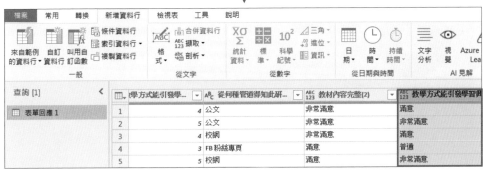

完成前面的設定與調整,請套用 **Power Query 編輯器** 內的調整回到主畫面:

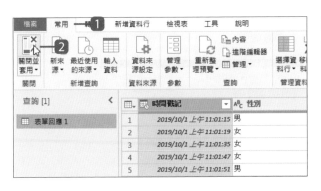

1 選按 **常用** 索引標籤。

2 選按 **關閉並套用**。(回到主畫面後,即會套用剛才調整的內容,資料量較多時需等待較長的擷取時間。)

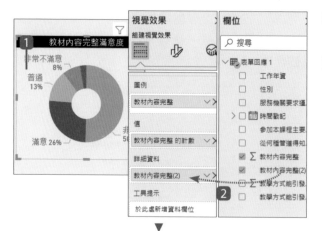

1. 選取 "教材內容完整滿意度" 環圈圖。

2. 選按 ▤ 配置欄位：

   詳細資料 欄配置 **教材內容完整(2)** 欄位。

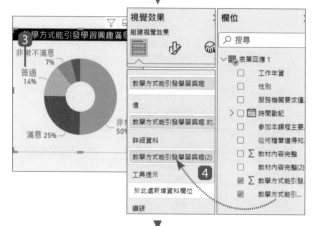

3. 選取 "教學方式能引發學習興趣滿意度" 環圈圖。

4. 選按 ▤ 配置欄位：

   詳細資料 欄配置 **教學方式能引發學習興趣(2)** 欄位。

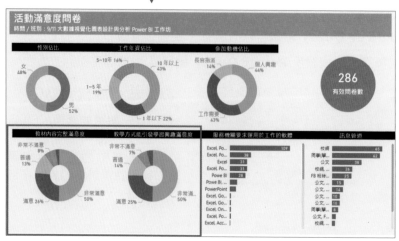

"核取方塊" 複選題答案拆分

Google **核取方塊** 題型可以讓作答者複選答案，"活動滿意度問卷" 表單中有二個題目是這個題型：

· "服務機關要求運用於工作的軟體工具 (可多選) " 除了預定的三個答案，還有 "其他" 欄可以讓作答者自由填寫，所以一位作答者該題目每次回覆的答案最多可拆分為四個答案。

· "從何種管道得知此研習訊息 (可多選) " 只有預定的四個答案。

接下來要透過索引編號、拆分與資料統一...等幾個步驟，取得這個題型的正確資料內容。

Step 1　新增索引編號

後續會為二個資料表進行關聯設定，因此先產生具唯一性的識別碼資料行。

1 選按 **常用** 索引標籤 \ **轉換資料** \ **轉換資料**，進入 **Power Query** 編輯器。

2 選按 **新增資料行** 索引標籤 \ **索引資料行** 清單鈕 \ **從 1**。

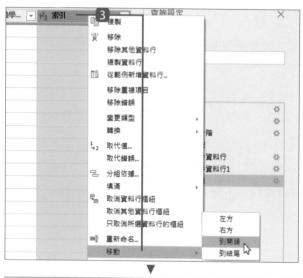

③ 新增的 **索引** 資料行會產生在資料表結尾（最右側），於 **索引** 資料行名稱上按一下滑鼠右鍵，選按 **移動 \ 到開頭**，將該資料行移至資料表開頭方便後續檢視。

Step 2 **複製資料表並重新命名**

後續的調整動作會影響到部分原有資料，因此先複製原資料表再接著操作。

① 於左側 **查詢** 窗格，**表單回應 1** 資料表名稱上按一下滑鼠右鍵，選按 **重複**。

相同的動作重複再做一次，快速複製出二個相同的資料表。

② 於複製產生的 **表單回應 1(2)** 資料表名稱上連按二下，輸入新的名稱：「表單回應 2」，按 Enter 鍵完成更名。

同樣的，將 **表單回應 1(3)** 資料表名稱更名為「表單回應 3」。

於 **表單回應 2**、**表單回應 3** 資料表中僅保留 **索引** 資料行與後續要調整的複選題
資料行。

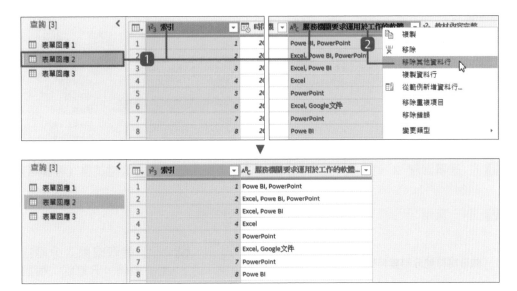

1 於 **表單回應 2** 資料表,按 Ctrl 鍵不放,僅選取 **索引** 與 **服務機關要求運用於
工作的軟體工具 (可多選)** 二個資料行。

2 於選取的資料行名稱上按一下滑鼠右鍵,選按 **移除其他資料行**。

　　如此一來 **表單回應 2** 資料表中僅保留 **索引** 與 **服務機關要求運用於工作的軟體工
具 (可多選)** 二個資料行。

3 於 **表單回應 3** 資料表,同樣的移除不需要的資料行,僅保留 **索引** 與 **從何種
管道得知此研習訊息 (可多選)** 二個資料行。

Step 4 分割資料依 "逗號"

複選題資料行內的答案資料都是以 "," 逗號銜接，為了取得每個答案的統計數量，在此透過 **分割資料行** 功能拆分資料。

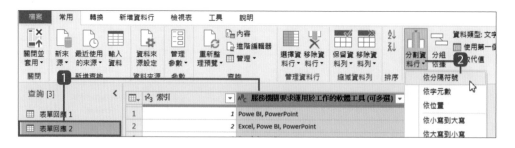

1. 於 **表單回應 2** 資料表，選按 **服務機關要求運用於工作的軟體工具 (可多選)** 資料行。

2. 選按 **常用** 索引標籤 \ **分割資料行** \ **依分隔符號**。

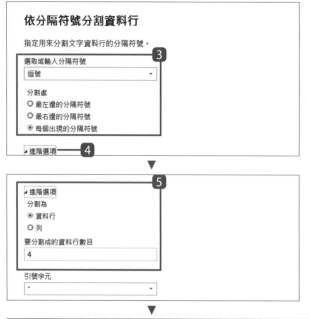

3. 設定 **選取或輸入分隔符號：逗號、分割處：每個出現的分隔符號**。

4. 選按 **進階選項**。

5. 設定 **分割為：資料行、要分割成的資料行數目：「4」**，選按 **確定** 鈕。("服務機關要求..." 題目包含 "其他" 共有四個答案，所以要輸入「4」。)

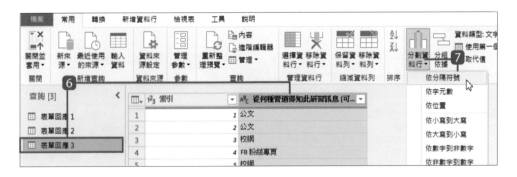

6 於 **表單回應 3** 資料表，選按 **從何種管道得知此研習訊息 (可多選)** 資料行。

7 選按 **常用** 索引標籤 \ **分割資料行** \ **依分隔符號**。

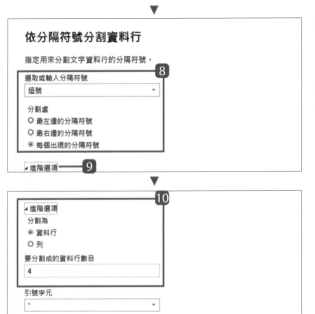

8 設定 **選取或入分隔符號**：
逗號、**分割處**：**每個出現的分隔符號**。

9 選按 **進階選項**。

10 設定 **分割為**：**資料行**、**要分割成的資料行數目**：「**4**」，選按 **確定** 鈕。(" 從何種管道得知..." 題目預定有四個答案，所以要輸入「4」。)

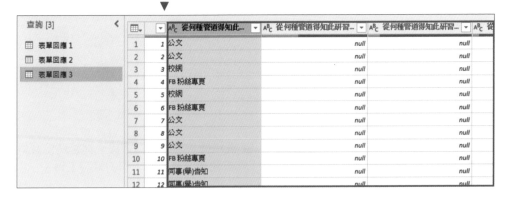

調整資料結構

"服務機關要求運用於工作的軟體工具" 與 "從何種管道得知此研習訊息" 維度的
資料分散於多個資料行中,在此要調整其資料結構。

1️⃣ 於 **表單回應 2** 資料表,選取 **索引** 資料行。

2️⃣ 選按 **轉換** 索引標籤 \ **取消資料行樞紐** 清單鈕 \ **取消其他資料行樞紐**。

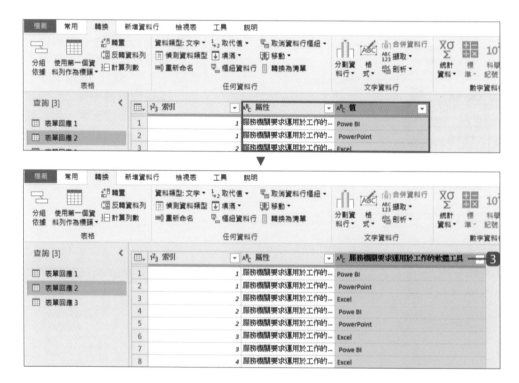

3️⃣ 未選取的四行資料行已轉換為 **屬性** 與 **值** 資料行,相關資料數據也調整為以資料
列呈現,將 **值** 資料行重新命名為:「服務機關要求運用於工作的軟體工具」。

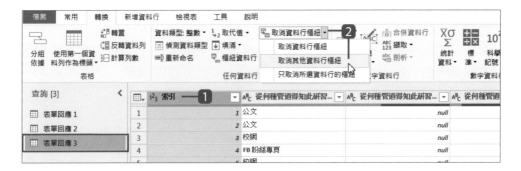

4 於 **表單回應 3** 資料表，選取 **索引** 資料行。

5 選按 **轉換** 索引標籤 \ **取消資料行樞紐** 清單鈕 \ **取消其他資料行樞紐**。

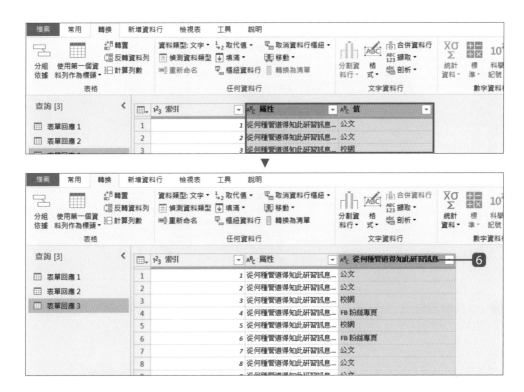

6 未選取的四行資料行已轉換為 **屬性** 與 **值** 資料行，相關資料數據也調整為以資料列呈現，將 **值** 資料行重新命名為：「從何種管道得知此研習訊息」。

資料拆分的動作會使部分答案的開頭或尾端多了一個空白，同樣的答案選項若沒移除多餘空白，Power BI 會視為不同的項目，在此要藉由 **修剪** 功能移除資料開頭與尾端的空白。

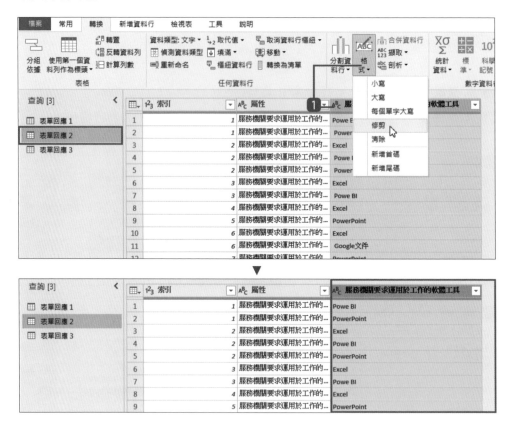

1️⃣ 於 **表單回應 2** 資料表，選取 **服務機關要求...** 資料行，選按 **轉換** 索引標籤 \ **格式** \ **修剪**。

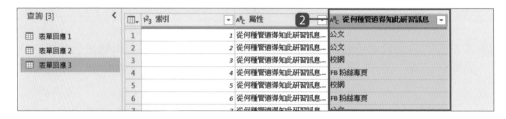

2️⃣ 於 **表單回應 3** 資料表，選取 **從何種管道得知...** 的資料行，依同樣的方式移除資料開頭與尾端的空白。

"其他" 欄中由作答者自行填寫，因此可能出現拼錯、大小寫不統一...等問題，例如：OneNote、One Note、Word、word文書、word文書軟體...等，若沒有調整，Power BI 會視為不同的項目。

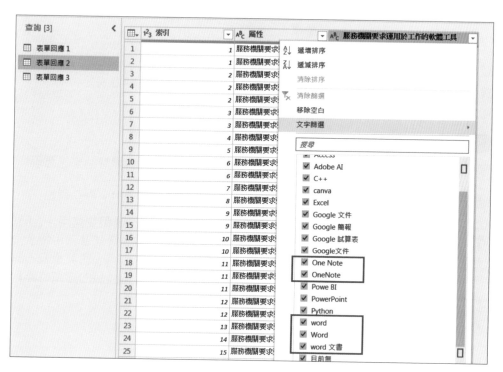

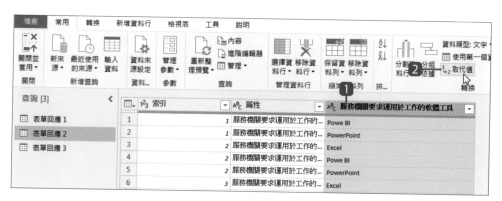

1 於 **表單回應 2** 資料表，選取 **服務機關要求...** 資料行

2 選按 **常用** 索引標籤 \ **取代值**。

3 於 **要尋找的值** 欄位中輸入「OneNote」，**取代為** 欄位中輸入「One Note」，選按 **確定** 鈕。

以相同的方式修正，相同軟體但不同填答方式的項目 (大小寫或其他狀況)，完成 "服務機關要求運用於工作的軟體工具" 資料行內資料唯一性修正。

Step 8 套用 Power Query 編輯器內的調整 ＼ 回到主畫面

完成前面的設定與調整，請套用 **Power Query 編輯器** 內的調整回到主畫面：

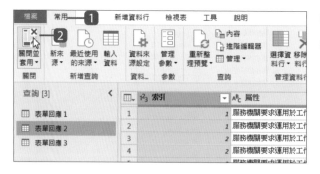

1 選按 **常用** 索引標籤。

2 選按 **關閉並套用**。(回到主畫面後就會套用剛才調整的內容，資料量較多時需等待較長的擷取時間)

Step 9 設定資料表間的關聯

回到主畫面，會自動檢查資料表之間的關聯，接著需切換至 **模型** 檢視模式調整資料表間的關聯。(如果出現以下錯誤訊息視窗，別擔心！是資料表間關聯設定的問題，先選按 **關閉** 鈕，再跟著後續說明手動調整為合適的關聯。)

1 選按 切換至 **模型** 檢視模式。

2 連按二下 **表單回應 1** 與 **表單回應 2** 之間的關聯線，開啟設定畫面。

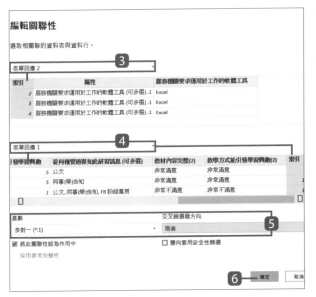

3 設定 **表單回應 2** 資料表，選按 **索引** 資料行。

4 設定 **表單回應 1** 資料表，選按 **索引** 資料行。

5 設定 **基數：多對一， 交叉篩選器方向：兩者**。

6 選按 **確定** 鈕。完成這二個資料表多對一關聯的指定，並於資料取用與交叉篩選器應用時為雙向。

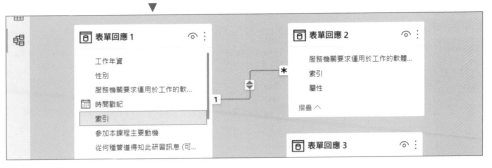

7 連按二下 **表單回應 1** 與 **表單回應 3** 之間的關聯線，開啟設定畫面。

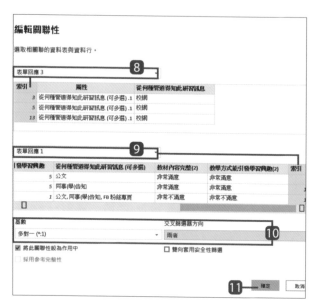

8 設定 **表單回應 3** 資料表，選按 **索引** 資料行。

9 設定 **表單回應 1** 資料表，選按 **索引** 資料行。

10 設定 **基數：多對一**， **交叉篩選器方向：兩者**。

11 選按 **確定** 鈕。完成這二個資料表多對一關聯的指定，並於資料取用與交叉篩選器應用時為雙向。

手動調整三個資料表的關聯設定後，再選按 **常用** 索引標籤 \ **重新整理**，讓 Power BI Desktop 重新取得線上資料並依目前指定的關聯設定執行 (會同時解除黃色狀況列)，接著即可回到 **報告** 檢視模式進行後續調整。

完成前面 "核選方塊" 複選題答案數據的整理與拆分，現在可以為報表中的視覺效果套用調整後的欄位，呈現正確的效果。

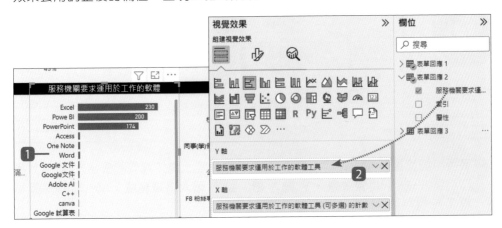

1️⃣ 切換至 📊 **報告** 檢視模式，選取 "服務機關要求運用於工作的軟體" 群組橫條圖。

2️⃣ 於 📋 配置 **Y軸** 欄位：先刪除原有的欄位項目，再加入 **表單回應 2** 資料表的 **服務機關要求運用於工作的軟體工具** 欄位。

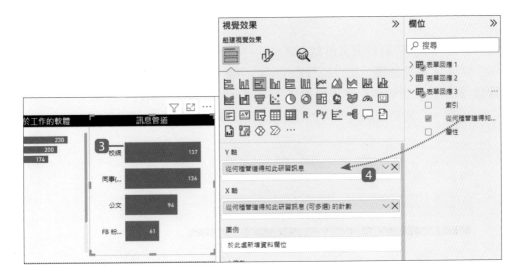

3️⃣ 選取 "訊息管道" 群組橫條圖。

4️⃣ 於 📋 配置 **軸** 欄位：先刪除原有的欄位項目，再加入 **表單回應 3** 資料表的 **從何種管道得知此研習訊息** 欄位。

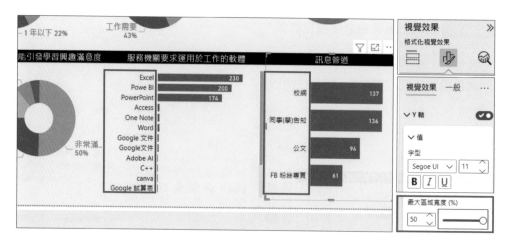

▲ 最後可調整複選題的二個視覺橫條圖 Y 軸寬度，選按視覺圖表後於 **視覺效果** 窗格選按 🔽 \ **視覺效果** \ **Y 軸** \ **值**，設定 **最大區域寬度**：50，即可完整檢視 Y 軸資料項目。

範例檔：7-06.pbix

6 "重新整理" 取得最即時回覆資料

範例中這份報表的資料來源是利用網址取得 Google 表單的回覆資料，選按 **常用** 索引標籤 \ **重新整理**，可以取得最即時的回覆資料並依你於 **Power Query 編輯器** 套用的編輯動作自動調整與修正，再呈現於報表，因此在表單問卷活動結束後記得再次 **重新整理**，視覺化報表呈現的才會是最完整的資料數據。

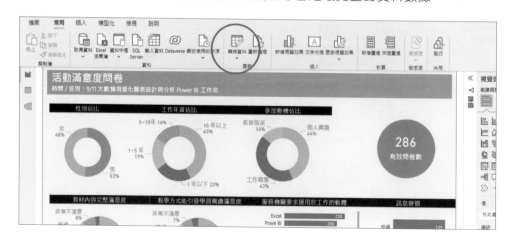

雲端・跨平台
管理專案擬定決策

將製作好的視覺化報表發行到 Power BI Pro 雲端平台，
能隨時隨地於任何裝置登入專屬空間，管理報表與資料、
分析資料數據並可同時進行線上編輯。

30%

DATA 01   DATA 04

DATA 02

建立 Power BI Pro 雲端平台帳戶

於 Power BI 官方網頁註冊後，即可免費使用 Power BI Pro 雲端平台 (部分功能有 60 日試用的限制，以官網最新異動公佈資訊為基準。)

雲端平台服務，需透過 "職場" 或 "學校" 的電子郵件地址註冊，例如：結尾是 .edu、.org、.gov 或 .mil 的電子郵件地址。而目前不支援 "個人電子郵件服務" 或 "電信提供者" 所提供的電子郵件，例如：outlook.com、hotmail.com、gmail. com ...等。(相關公告與限定，以 Power BI 官網網頁公告為標準。)

Step 1 進入 Power BI 官網，免費試用

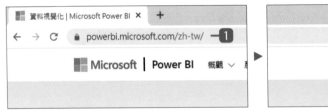

❶ 開啟瀏覽器，輸入「https://powerbi.microsoft.com/zh-tw/」進入官網。

❷ 於畫面右上角選按 **免費試用**。

Step 2 建立帳戶

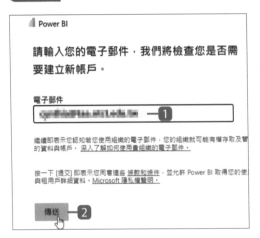

❶ 輸入職場或學校電子郵件帳號。

❷ 選按 **傳送**。

您已選取 Microsoft Power BI

① 讓我們開始使用吧

您似乎必須建立新帳戶。

Microsoft Power BI 是專為組織內部共同合作人員所設計，因此也使用 @taa.ntct.edu.tw 電子郵件地址來註冊的其他人將能看到您的電子郵件。

因此，不應該使用來自共用電子郵件服務的電子郵件，例如 outlook.com。

cynthia@taa.ntct.edu.tw 是哪種電子郵件?

◉ 從我的組織取得

○ 這是我的個人電子郵件

下一步

繼續即表示您同意暫您使用組織的電子郵件。您的組織就可能有權存取及管理您的資

1 核選電子郵件類型，按 **下一步**。

▼

您已選取 Microsoft Power BI

① 讓我們開始使用吧

② 建立您的帳戶

簡訊或通話可協助我們確認這是您本人。
輸入不是 VoIP 和免付費電話的號碼。

◉ 傳簡訊給我

○ 打電話給我

國碼 (地區碼)   **電話號碼**
(+886) 台灣   (電話號碼)

我們不會儲存此電話號碼，或將其用於其他用途。

傳送驗證碼   返回

2 建立帳戶過程，若出現要求以簡訊或電話確認是否為本人的步驟（有時不會有這個步驟），請選擇合適的方式進行確認。在此核選 **傳簡訊給我**，再按 **傳送驗證碼** 鈕。

▼

您已選取 Microsoft Power BI

① 讓我們開始使用吧

② 建立您的帳戶

簡訊或通話可協助我們確認這是您本人。
輸入不是 VoIP 和免付費電話的號碼。

◉ 傳簡訊給我

○ 打電話給我

國碼 (地區碼)   **電話號碼**
[+886] 台灣   0918022927

我們不會儲存此電話號碼，或將其用於其他用途。

輸入您的驗證碼
452140

沒有收到或需要新驗證碼? 再試一次。

驗證   變更我的電話號碼

③ 確認詳細資料

3 輸入確認驗證碼，再按 **驗證** 鈕。

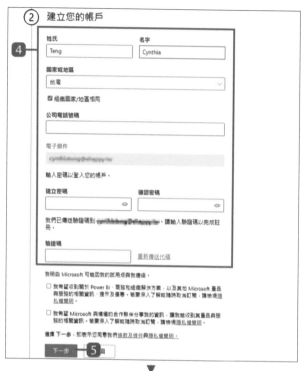

4 輸入個人資料、密碼與確認密碼;再輸入驗證碼,驗證碼已經寄至電子郵件信箱,如果沒有收到可以再選按 **重送註冊代碼**。

(密碼中不能有使用者名稱或識別碼,必須介於 8-16 個字元,並且包含大寫字母、小寫字母、數字及符號。)

5 按 **下一步** 鈕。

6 按 **登入** 鈕。

7 按 **開始使用** 鈕,即完成建立帳戶並進入專屬 Power BI Pro 平台空間。

(申請流程會因官網更新有些許差異,請依官網實際狀況填寫資料,完成申請。)

目前 Power BI Pro 是試用 60 天免費,過了試用期後如果沒有付費續用,仍可登入該平台面,但會無法使用 **與我共用** ...等功能,相關的規定或付費方式以官網公告為主。

認識 Power BI Pro 雲端平台

介面環境

完成註冊及進入 Power BI Pro 雲端平台後，首頁中可選按 **觀看影片** 了解這個平台或頁面下方 **了解如何使用 Power BI** 熟悉這套軟體。

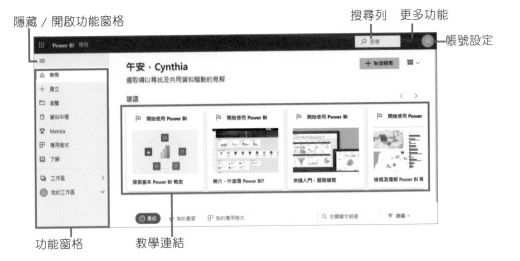

隱藏 / 開啟功能窗格　　　　　　　　　　　　　　　　　　搜尋列　更多功能

帳號設定

功能窗格　　　教學連結

- **隱藏 / 開啟功能窗格**：選按此鈕可以縮小功能窗格，只留下圖示，讓工作區有更大的空間。

- **搜尋列**：輸入關鍵字可快速搜尋檔案或範例。

- **更多功能**：包含 **通知**、**設定**、**下載**、**說明與支援** 相關功能。

    通知：通知中心中會依時間列項相關摘要，例如：已共用的新儀表板、群組空間變更、設定的警示...等訊息。

    設定：可針對 Power BI Pro 雲端平台的權限、管理...等更多項目設定。

    下載：可於清單中選按與 Power BI 相關的軟體項目下載。

    說明與支援：提供各項官方說明文件與社群討論資源。

- **帳號設定**：可看到目前登入的帳號與相關資訊，選按 **登出** 會登出目前帳號。

我的工作區

左側功能窗格選按 **我的工作區**，上方選按 **新增** 可連線到資料、以及建立報告...等，選按 **上傳** 可上傳本機電腦已設計好的 .pbix 或 .xlsx 檔案到工作區。

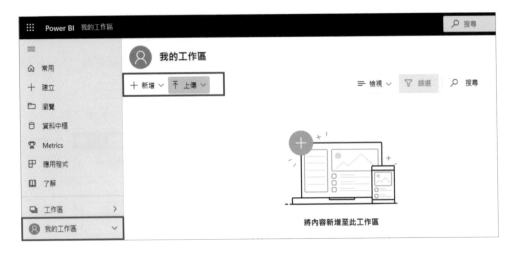

工作區內容建構

Power BI Pro 工作區的內容包含 **儀表板**、**報表**、**資料集**，了解這三項內容，即可展開並開始建立專業且合適的報表：

- **儀表板** 是藉由指定的視覺化圖表進行說明的單一頁面，此頁面的圖表可以來自一或多份報表中，讓相關的資料可以整合在此一併檢視分析。儀表板具有互動性、可自訂以及更新的優點，快速查看營運狀況、尋找答案以及解析大數據。

  儀表板由每一份釘在此處的 **磚** 組成，磚可以是影像、文字方塊、視訊、串流資料...等資料內容，也可自由移動及調整大小。

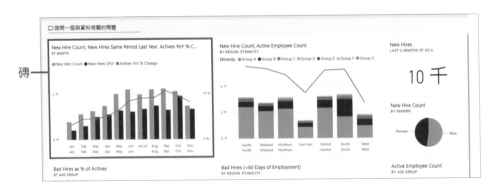

- **報表** 一或多頁的視覺效果集合，相似於 Power BI Desktop 建立報表的方式，Power BI Pro 雲端同樣擁有 **篩選**、**視覺效果**、**欄位** 窗格，可在平台上建立新的視覺效果，也可編輯上傳至雲端的報告；不侷限於設備與作業系統，隨時隨地可開啟專案報告進行編修、說明與共用。

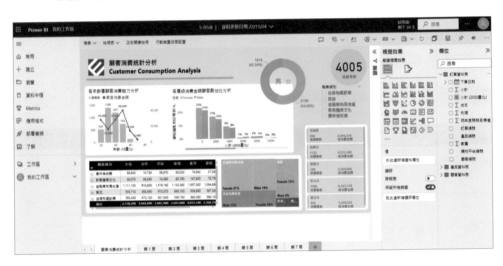

- **資料集** 是報告及視覺效果的資料來源。資料集可以將許多不同來源的資料匯入組合仍視為單一資料集，再藉由資料集自動或重頭開始建立報表。

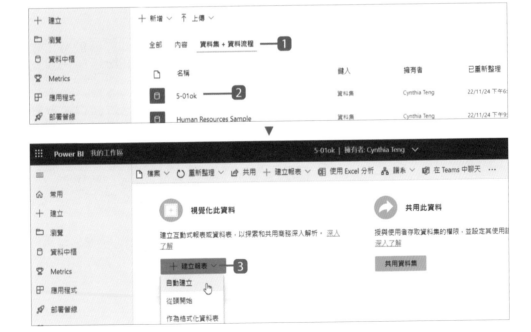

3 將 **Power BI Desktop** 報表發行至雲端

若想將 Power BI Desktop 建立好的檔案 (*.pbix) 上傳至 Power BI Pro 雲端平台，需要在 Power BI Desktop 登入於此單元一開始建立的 Power BI 帳戶，再如下示範操作。

Step 1 於 **Power BI Desktop** 登入 **Power BI** 帳戶

1 於 Power BI Desktop 開啟要上傳至 Power BI Pro 雲端平台的檔案，在畫面右上角選按 **登入**。

2 輸入 Power BI 帳號，再按 **繼續** 鈕。

3 輸入 Power BI 帳號的密碼，再按 **登入** 鈕就完成帳號登入。

登入帳號之後，只要選按 **發行** 功能就可以上傳至 Power BI Pro 雲端平台。

1 選按 **常用** 索引標籤 \ **發行**。

2 選最目的地 **我的工作區**，選按 **選取** 鈕。

3 等待發行完成後，選按 **在 Power BI 中開啟...** 連結，就會自動開啟 Power BI Pro 雲端平台瀏覽器畫面檢視上傳的檔案。

TIPS

帳戶登出或切換

於 Power BI Desktop 登入帳戶後，如果想切換或登出帳戶，可以選按右上角的帳戶名稱，選按 **使用其他帳戶登入** 可輸入另一組帳號切換帳戶，選按 **登出** 會直接登出該帳戶。

於 Power BI Pro 雲端平台建立與編修視覺效果的方式與 Powe BI Desktop 相似,以下將說明如何進入編輯模式並編修儲存。

Step 1 開啟要編輯的報表

1 選按 **我的工作區 \ 內容**。

2 選按要開啟編輯的報表 (左方圖示 📊 為報表也稱為報告)。

Step 2 進入與關閉編輯模式

1 選按 **編輯**,畫面右側會出現 Power BI Desktop 常用的 **篩選**、**視覺效果**、**欄位** 窗格,即可開始編修報表。

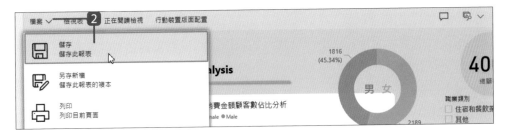

2 編修完成後,選按 **檔案 \ 儲存** 即可儲存變更。

Power BI Pro 雲端平台中的 **儀表板** 是視覺效果的集合區域,在 Power BI Desktop 並沒有這項功能,可以從報表、其他儀表板、問與答方塊...等項目收集並整合每一個主題最重要的項目。

直接建立儀表板

建立儀表板有許多不同的方式,在此說明於 **儀表板** 工作區直接新增儀表板。

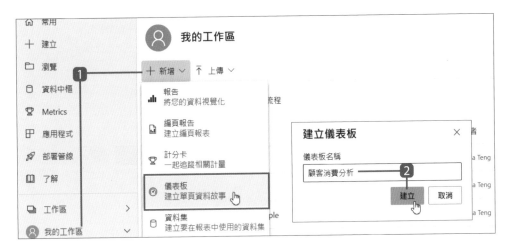

1 選按 **我的工作區 \ 新增 \ 儀表板**。

2 輸入儀表板名稱後,按 **建立** 鈕,會產生一個新的儀表板。(選按儀表板上方 **編輯 \ 新增磚**,可新增影像、文字方塊、影片...等項目,或如接續說明進入報表釘選視覺效果。)

從報表建立儀表板

透過報表釘選視覺效果和影像的過程，可以選擇將其釘選到現有的儀表板，也可以在釘選時新增儀表板。

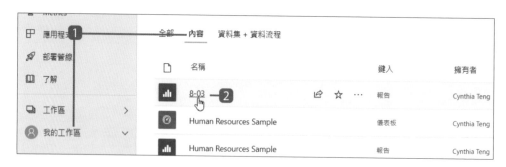

1️⃣ 選按 **我的工作區 \ 內容**。

2️⃣ 選按想釘選的視覺效果至儀表板的報表。

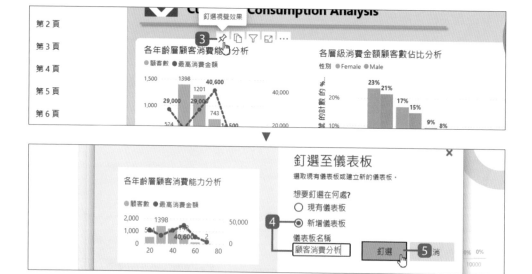

3️⃣ 於報表中要釘選的視覺效果右上角選按 📈。

4️⃣ 核選 **新增儀表板**，再輸入儀表板名稱。

5️⃣ 按 **釘選** 後，完成視覺效果釘選指定。

(若選按上方工具列 [⋯] \ **釘選到儀表板** 可直接釘選頁面中所有的視覺效果，當報表有變更時，會同步顯示在儀表板。)

於儀表板變更磚的位置及大小

加入儀表板中的視覺效果 (圖表、圖形、彩色地圖) 即稱為 **磚**，儀表板中加入的 **磚** 可以依排列需求移動或變更大小。

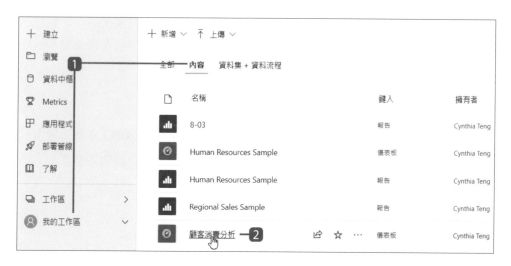

1 選按 **我的工作區** \ **內容**。

2 選按要編輯的儀表板項目。

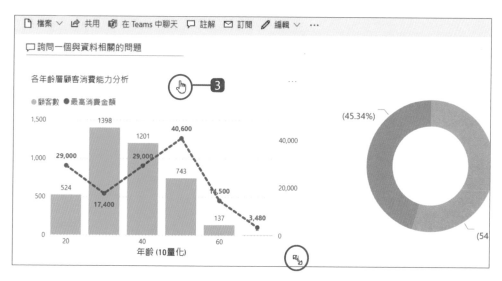

3 滑鼠指標移到磚的上方白色處呈 🖑，按滑鼠左鍵不放，可拖曳至合適的位置擺放；滑鼠指標移到磚的右下角呈 ⬿，按著不放即可拖曳變更至合適的大小。

6 依提問，自動產生所需的視覺效果

開會時老闆突然要求提供該主題其他面向的資訊，因為沒事先準備而手忙腳亂！Power BI 有個聰明的工具，可以依你的提問，自動從與目前儀表板相關聯的所有資料集中，搜尋最佳組合再以視覺效果呈現。

Step 1　指定提問儀表板

1️⃣ 選按 我的工作區 \ 內容。

2️⃣ 選按要提問的儀表板。

Step 2　依提示詢問自動產生視覺效果

藉由選按或輸入的方式以英文提問，使用英文詢問的辨識度較高，如果是中文報表，可以直接選按畫面下方或清單中的中文關鍵字。

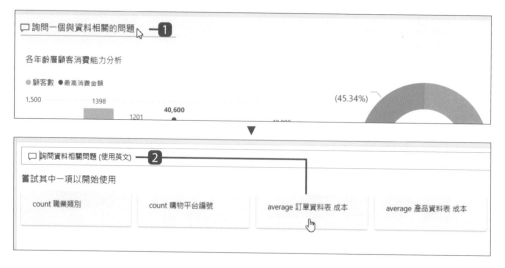

1️⃣ 選按 詢問一個與資料相關的問題 欄位。

2️⃣ 可輸入問題，也可以直接選按下方關鍵字。

■ 284

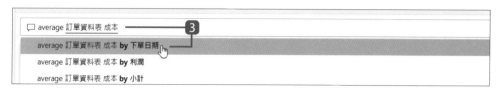

③ 產生了第一組關鍵字後按一下 Space (空白鍵)，會自動出現可再進一步詢問的關鍵字清單，例如：下單年份、利潤...等，選按合適的項目。

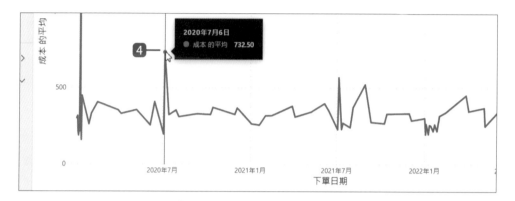

④ 提出問題後自動產生視覺效果，將滑鼠指標移至圖表上可看到詳細數據資訊。

Step 3 釘選至儀表板

完成的視覺效果可以直接釘選到現有的儀表板。

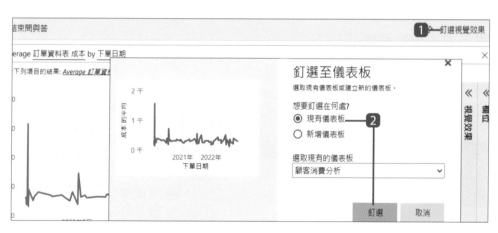

① 畫面右上角選按 **釘選視覺效果**。

② 於 **釘選至儀表板** 視窗中選按要釘選放置的儀表板，再選按 **釘選** 即可將問與答產生的視覺效果釘至指定的儀表板。

在 **Power BI Pro** 雲端平台取得資料

Power BI Pro 雲端平台可以使用組織中的共享資料、線上服務 (例如：Google Analytics Report、Office 365...等)、從本機電腦或雲端 (例如：OneDrive、Share Point) 中取得 Excel、Power BI Desktop 或 CSV 檔案，還有資料庫 (例如：Azure SQL Database...等)，不過如果是數量龐大的資料，建議以 Power BI Desktop 先分析篩選後再讀入，這樣處理的速度會更快。

Step 1 指定資料來源

取得資料 畫面可以讓你由 **我的組織**、**服務**、**檔案**、**資料庫** 四個來源取得資料。

1 於畫面左下角選按 **取得資料**。

2 於 **檔案** 選按 **取得** 鈕。

Step 2 指定要取得的檔案

在此示範取得從本機電腦中 Excel 資料數據檔案 (*.xlsx)。

1 選按 **本機檔案**。

2 選按要開啟的檔案位置。

3 選按檔案名稱，再按 **開啟**，最後選擇以 **匯入** 或 **上傳** 的方式取得資料。

雲端的 Power BI 報表可以直接列印成紙本，或是轉為 PowerPoint 簡報檔以及 PDF 文件檔。

列印報表

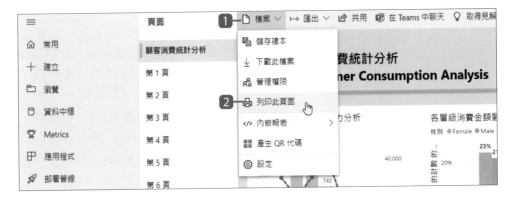

1 開啟要列印的報表後，選按 **檔案**。

2 選按 **列印此頁面**。

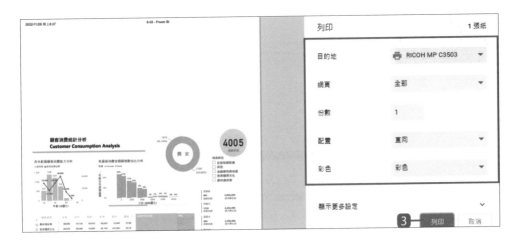

3 於列印視窗中，可以設定印表機、方向、份數、列印的頁面、文件列印縮放 的比例...等。設定完成後按 **列印** 鈕即可。

匯出報表至 PowerPoint

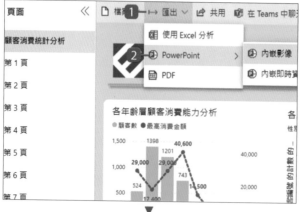

1. 開啟要匯出的報表後,選按 **匯出**。

2. 選按 **PowerPoint \ 內嵌影像**。

   (另外,**內嵌即時影像**是在 PowerPoint 中內嵌報表頁面的即時內容,可參考附錄 A 說明)

3. 設定 **一併匯出:目前的值**,若僅要匯出目前頁面核選 **僅匯出目前頁面**,再選按 **匯出** 鈕。

   (**一併匯出** 有二個選項: **目前的值** 會保留報表目前的篩選條件和交叉分析篩選器設定,**預設值** 以報表原有的狀態匯出。)

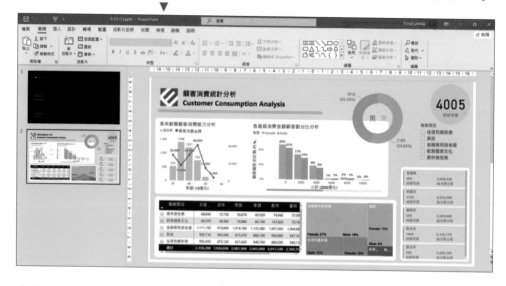

完成匯出後,可以透過 PowerPoint 開啟該 (*.pptx) 檔案,Power BI 報表中每個頁面都會變成 PowerPoint 的個別投影片 (簡報檔中報表會以靜態圖片呈現,第一頁會詳列相關資訊)。

匯出報表至 PDF

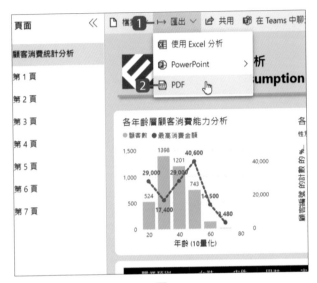

1 開啟要匯出的報表後，選按 匯出。

2 選按 **PDF**。

3 設定 一併匯出：目前的值，若僅要匯出目前頁面核選 僅匯出目前頁面，再選按 匯出 鈕。

(一併匯出 有二個選項：目前的值 會保留報表目前的篩選條件和交叉分析篩選器設定，預設值 以報表原有的狀態匯出。)

▼

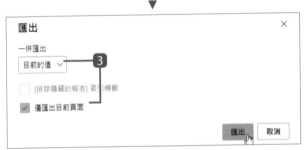

▼

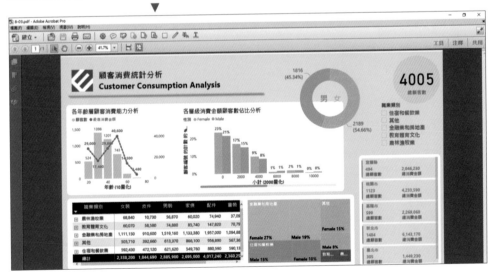

翻倍效率工作術--不會就太可惜的 Power BI 大數據視覺圖表設計與分析(第三版)

作　　者：文淵閣工作室 編著 / 鄧文淵 總監製
企劃編輯：王建賀
文字編輯：詹祐甯
設計裝幀：張寶莉
發 行 人：廖文良

發 行 所：碁峰資訊股份有限公司
地　　址：台北市南港區三重路 66 號 7 樓之 6
電　　話：(02)2788-2408
傳　　真：(02)8192-4433
網　　站：www.gotop.com.tw
書　　號：ACI036700
版　　次：2023 年 01 月三版
　　　　　2024 年 06 月三版五刷
建議售價：NT$390

國家圖書館出版品預行編目資料

翻倍效率工作術：不會就太可惜的 Power BI 大數據視覺圖表設計
與分析 / 文淵閣工作室著. -- 三版. -- 臺北市：碁峰資訊,
2023.01
　　面；　公分
ISBN 978-626-324-398-9(平裝)
1.CST：資料探勘　2.CST：商業資料處理
312.74　　　　　　　　　　　　　　　　　111021239